Laserdurchstrahlschweißen von transparenten Kunststoffen mit Thulium-Faserlaserstrahlung

Laser Transmission Welding of Transparent Plastics with Thulium Fibre Laser Radiation

Von der Fakultät für Maschinenwesen
der Rheinisch-Westfälischen Technischen Hochschule Aachen
zur Erlangung des akademischen Grades eines
Doktors der Ingenieurwissenschaften
genehmigte Dissertation

vorgelegt von

Nam-Phong Andrej Nguyen

Berichter/in:

Univ.-Prof. Dr. rer. nat. Constantin Leon Häfner
Univ.-Prof. Dr.-Ing. Christian Hopmann

Tag der mündlichen Prüfung: 03. Mai 2023

Diese Dissertation ist auf den Internetseiten der Universitätsbibliothek online verfügbar.

ERGEBNISSE AUS DER LASERTECHNIK

Nam-Phong Nguyen

Laserdurchstrahlschweißen von transparenten Kunststoffen mit Thulium-Faserlaserstrahlung

Bibliografische Information der Deutschen Nationalbibliothek
Die Deutsche Nationalbibliothek verzeichnet diese Publikation in der Deutschen Nationalbibliografie; detaillierte bibliografische Daten sind im Internet über https://portal.dnb.de abrufbar.

Nam-Phong Nguyen:

Laserdurchstrahlschweißen von transparenten Kunststoffen mit Thulium-Faserlaserstrahlung

1. Auflage, 2023

Gedruckt auf holz- und säurefreiem Papier, 100% chlorfrei gebleicht.

Wissenschaftsverlag des Instituts für Industriekommunikation und Fachmedien an der RWTH Aachen
Steinbachstr. 25, 52074 Aachen
Internet: www.apprimus-verlag.de, E-Mail: info@apprimus-verlag.de

Druck: CPI Druckdienstleistungen GmbH
Ferdinand-Jühlke-Straße 7 | 99095 Erfurt

ISBN 978-3-98555-172-9

D 82 (Diss. RWTH Aachen University, 2023)

Zusammenfassung

Im Gegensatz zu klassischen Fügeverfahren bietet das Laserdurchstrahlschweißen von Kunststoffen technologische Vorteile wie z.B. eine kontaktlose und präzise Energieeinbringung. Dies ermöglicht die Generierung hochkomplexer und feiner Nahtgeometrien, sodass dieses Verfahren insbesondere für die Verkapselung sensitiver Bauteile in der Elektronik-, Automobil- oder Medizinindustrie verwendet wird. Das Absorptionsverhalten kann durch die Zugabe von Zusatzstoffen wie z.B. Ruß induziert werden. In Bereichen wie z.B. der Medizintechnik ist die Nutzung von Zusatzstoffen oftmals nicht zulässig. Grund hierfür sind die hohen Anforderungen hinsichtlich der Transparenz und Biokompabilität der Kunststoffe.

Eine Lösungsmöglichkeit stellt das absorberfreie Laserdurchstrahlschweißen dar: Durch die Nutzung von Strahlquellen, welche im natürlichen Absorptionsbereich der Kunststoffe Strahlung emittieren, kann auf den Einsatz absorptionssteigender Additive verzichtet werden. Somit ist es möglich, auch transparente Kunststoffe zu fügen. Da beide Fügepartner identische optische Eigenschaften besitzen, wird die auftreffende Laserstrahlung im gesamten bestrahlten Volumen absorbiert. Es entstehen hierdurch Wärmeeinflusszonen, welche sich entlang des gesamten Materialquerschnitts erstrecken. Die erhöhte Schmelzebildung bewirkt eine höhere thermische Belastung des Kunststoffs, was insbesondere in flachen Bauteilen zu Rissbildung und Verzug führen kann.

Im Rahmen der Arbeit werden die Absorptionsvorgänge sowie der Einfluss der Energiedeposition auf die Ausbildung der Wärmeeinflusszone am Beispiel des Kontur- und Quasisimultanschweißens untersucht. Das Ziel ist die Entwicklung einer Fügetechnik, bei der Nahtgeometrien mit Nahtbreiten zwischen 50 – 400 µm erzeugt werden können. Hierdurch kann die thermische Belastung des Kunststoffs gering gehalten werden. Zunächst werden die Temperaturverteilung und -entwicklung während des Schweißprozesses mit Hilfe eines thermischen Simulationsmodells analysiert, um ein grundlegendes Verständnis hinsichtlich der Energiedeposition zu generieren. Neben der Bestrahlungsstrategie wird der Einfluss des Materialgefüges auf die Ausbildung der Wärmeeinflusszone untersucht. Das Simulationsmodell wird mit Hilfe von experimentellen Versuchen bewertet und es findet ein Vergleich der Energiedepositionsmechanismen beim Kontur- und Quasisimultanschweißen statt. Um das absorberfreie Laserdurchstrahlschweißen im industriellen Umfeld etablieren zu können, müssen Beschädigungen des Bauteils während des Produktionsprozesses identifiziert werden. Hierfür werden zwei unterschiedliche Ansätze untersucht und verglichen: Bei der pyrometrischen Messung wird die während des Schweißprozesses emittierte Wärmestrahlung mittels eines Pyrometers messtechnisch erfasst. Weiterhin wird als neuartiger Ansatz zur Prozessüberwachung eine kamerabasierte Analyse mittels Deep Learning Algorithmen untersucht.

Abstract

In contrast to classic joining processes, laser transmission welding of plastics offers technological advantages such as a contactless and precise energy input. This enables the generation of highly complex and fine seam geometries, which is why this process is used in particular for the encapsulation of sensitive components in the electronics, automotive or medical industries. The absorption behaviour can be induced by adding additives such as carbon black. In areas like the medical technology, the use of additives is often not permitted. The reason for this is the high requirements regarding the transparency and biocompatibility of the plastics.

One possible solution is absorber-free laser transmission welding: By using beam sources that emit radiation in the natural absorption range of the plastics, the use of absorption-enhancing additives is no longer necessary. This makes it possible to join transparent plastics as well. Since both joining partners have identical optical properties, the incident laser radiation is absorbed in the entire irradiated volume. This creates heat-affected zones that extend along the entire cross-section of the material. The increased melt formation causes a higher thermal load on the plastic, which can lead to cracking and distortion especially in flat components.

The absorption processes and the influence of energy deposition on the formation of the heat-affected zone are investigated in this work by using contour and quasi-simultaneous welding. The aim is to develop a joining technique in which seam geometries with seam widths between 50 - 400 µm can be produced. In this way, the thermal load on the plastic can be kept low. First, the temperature distribution and development during the welding process are analysed with the help of a thermal simulation model in order to generate a basic understanding regarding the energy deposition. In addition to the irradiation strategy, the influence of the material structure on the formation of the heat-affected zone is investigated. The simulation model is evaluated with the help of experimental tests and the energy deposition mechanisms in contour and quasi-simultaneous welding are compared. In order to be able to establish absorber-free laser transmission welding in the industrial environment, damages in the weld seam must be identified during the production process. For this purpose, two different approaches are investigated and compared: With the help of a pyrometer, the heat radiation emitted during the welding process is measured. Furthermore, a camera-based analysis using deep learning algorithms is investigated as a novel approach to process monitoring.

Danksagung

Die vorliegende Dissertation entstand neben meiner Tätigkeit als wissenschaftlicher Mitarbeiter am Fraunhofer-Institut für Lasertechnik ILT in den Jahren 2017 – 2022. Wesentliche Aspekte dieser Arbeit wurden aus Mitteln des Europäischen Fonds für regionale Entwicklung EFRE und des Landes Nordrhein-Westfalen im Rahmen des Projektes „SeQuLas" gefördert.

Für die Betreuung dieser Arbeit und Übernahme des Hauptreferats möchte ich mich herzlich bei Herrn Prof. Dr. rer. nat. Constantin Häfner bedanken. Ebenfalls möchte ich Herrn Prof. Dr.-Ing. Christian Hopmann für die Übernahme des Koreferats sowie Herrn Prof. Isaac Boxx PhD für die Übernahme des Prüfungssitzes danken. Ein großer Dank geht ferner an Prof. Dr.-Ing. Arnold Gillner und Dr.-Ing. Alexander Olowinsky für die fachlichen Diskussionen, zahlreichen Anregungen und kritische Durchsicht dieser Arbeit.

Rückblickend auf meine Zeit am Fraunhofer ILT fallen mir neben dem fachlich spannenden Aufgabenfeld auch die kollegiale Arbeitsatmosphäre und der tolle Zusammenhalt ein. Die vielen gemeinsamen Momente sowohl während als auch abseits des Arbeitsalltags sind mir auch nach meinem Abschied vom Institut in guter Erinnerung geblieben. Hierfür möchte ich mich bei meinen ehemaligen Kolleginnen und Kollegen aus dem Kompetenzfeld Abtragen und Fügen und insbesondere der Gruppe Mikrofügen bedanken.

Der Abschluss meiner Arbeit wäre ohne die tatkräftige Unterstützung vieler studentischer Hilfskräfte und AbschlussarbeiterInnen nicht möglich gewesen. Hierfür möchte ich mich herzlich bei Marion Chardot, Patricia Fatherazi, Lea Jaklen, Felix Lebe, Chaitra Nayak, Lasse Peters, Stefan Quach und Vincent Sima bedanken.

Zum Schluss gebührt mein besonderer Dank meinen Eltern für die fortwährende Unterstützung auf meinem Lebensweg und die Ermöglichung meines Studiums sowie meiner Frau für ihre Geduld und Unterstützung bei der Anfertigung dieser Dissertation.

Köln, Mai 2023 *Nam-Phong Nguyen*

Inhaltsverzeichnis

Abbildungsverzeichnis

Tabellenverzeichnis

Abkürzungsverzeichnis

CNN	Convolutional Neural Network
CO_2	Kohlendioxid
DNN	Deep Neural Network
DSC	Differential-Scanning-Calorimetry
DOE	Diffraktives optisches Element
FEM	Finite-Elemente-Methode
GPU	Graphics Processing Unit
HV	Haftvermittler
KI	Künstliche Intelligenz
KS	Konturschweißen
IoU	Intersection over Union
IR	Infrarot
LDS	Laserdurchstrahlschweißen
LED	Light Emitting Diode
LoC	Lab-on-a-Chip
MFW	Mittlere freie Weglänge
NN	Neuronales Netz
OAT	One-at-a-time
OLED	Organic Light Emitting Diode
PA	Polyamid
PC	Polycarbonat
PET	Polyethylenterephthalat
PP	Polypropylen

PPS	Polyphenylensulfid
PPSU	Polyphenylensulfon
QS	Quasisimultanschweißen
ReLU	Rectified Linear Unit
ResNet	Residual Network
SLM	Spatial Light Modulator
SLS	Selektives Lasersintern
TGA	Thermogravimetrische Analyse
TLU	Threshold Linear Unit
UKP	Ultrakurzgepulst
WEZ	Wärmeeinflusszone

Symbolverzeichnis

α	Absorptionskoeffizient
α_1	Brechungswinkel 1
α_2	Brechungswinkel 2
α_G	Einfallswinkel des Laserstrahls in Glas
α_K	Einfallswinkel des Laserstrahls im Kunststoff
α_L	Einfallswinkel des Laserstrahls in der Luft
η	Lernrate
λ	Wellenlänge
λ_{Alu}	Wärmeleitfähigkeit Aluminium
λ_{Glas}	Wärmeleitfähigkeit Glas
λ_{Max}	Maximum der Wärmestrahlung
λ_{PC}	Wärmeleitfähigkeit PC
ρ	Dichte
Ω	Raumwinkel
A	Absorption
A_E	Aktivierungsenergie
A_F	Apertur der Festoptik
A_Q	Fläche der Wärmequelle
A_S	Apertur des Scanners
a	Temperaturleitfähigkeit
a_0	Höhe des elliptisch gestreckten Rohstrahls
a_{erw}	Höhe der elliptischen Lochbohrung
b_0	Breite des elliptisch gestreckten Rohstrahls

b_{erw}	Breite der elliptischen Lochbohrung
C_A	Absorptionskoeffizient
C_S	Streukoeffizient
c_P	Wärmekapazität
D_S	Anzahl Schichten
d_G	Dicke der Glasplatte
d_K	Dicke des Kunststoffs
d_S	Schichtdicke
E_P	Pulsenergie
E_S	Streckenenergie
F	Filtergröße
F_0	Fluenz
FCN	Fully Convolutional Network
f	Brennweite
$f_{Modulation}$	Modulationsfrequenz des Pyrometers
g	Anisotropiefaktor
H_I	Höhe der Eingabe
H_O	Höhe der Ausgabe
I	Intensität
I_0	Maximalintensität
k	Wärmeleitfähigkeit
L	Konturlänge
M^2	Beugungsmaßzahl
NA	Numerische Apertur
n	Anzahl an Überfahrten
n_1	Brechungsindex 1

n_2	Brechungsindex 2
n_G	Brechungsindex in Glas
n_K	Brechungsindex im Kunststoff
n_L	Brechungsindex in der Luft
n_{PC}	Brechungsindex in Polycarbonat
P	Größe des Zero Paddings
Pé	Péclet-Zahl
P_L	Laserleistung
$P_{Wärme}$	Emittierte Wärmeleistung
Q	Wärmequelle
$Q_{Diffusiv}$	diffusiver Wärmestrom
$Q_{Konvektiv}$	konvektiver Wärmestrom
R	Reflexion
R_0	Grenzflächenreflexion
R_G	Gaskonstante
$R_{Lochspiegel}$	Reflexionsgrad des Lochspiegels
$R_{Spiegel}$	Reflexionsgrad des Spiegels
S	Schrittweite
T	Temperatur
T_G	Glasübergangstemperatur
T_g	Gerichtete Transmission
T_R	Transmission
T_{Max}	Maximaltemperatur
T_N	Normierte Transmission
T_S	Schmelztemperatur
T_Z	Zersetzungstemperatur

t	Zeit
t_A	Abkühlzeit
t_c	Abkühlphase
t_{FL}	Transmission der Fokussierlinse
t_{FLP}	Transmission der Pyrometerlinse
t_{GP}	Transmission des Andruckglases
t_i	Aufheizphase
t_{OF}	Transmission des oberen Fügepartners
t_{ST}	Transmission des Strahlteilers
t_P	Pulsdauer
t_v	Verweilzeit
t_w	Wechselwirkungszeit
$t_{w,\ Gesamt}$	Gesamtwechselwirkungszeit
v	Vorschubgeschwindigkeit
v^*	Äquivalente Vorschubgeschwindigkeit
v_{Scan}	Scangeschwindigkeit
W_I	Breite der Eingabe
W_0	Breite der Ausgabe
w	Strahlradius
w_i	Gewicht der i-ten Eingabe
w_{ij}	Gewicht zwischen i-ter Eingabe und j-tem Ausgabe-Neuron
w_0	Strahlradius im Fokus
$w_{Rohstrahl}$	Rohstrahlradius
x_i	Eingabe des Neurons i
Δy	Nahtabstand in y-Richtung
$\hat{y}_j$	Ausgabe des j-ten Neurons

y_j	Zielwert des j-ten Neurons
Δz	Fokusversatz
z_N	Ausgabe eines Neurons
$z_{Shift,G}$	Fokusversatz durch die Glasplatte
$z_{Shift,K}$	Fokusversatz durch den Kunststoff

1 Einleitung

1.1 Motivation und Problemstellung

Der seit Jahren anhaltende Trend zur Miniaturisierung, Parallelisierung und Diversifizierung stellt die Mikrosystem- und Kunststofftechnik vor vielfältige Herausforderungen. Ein prominentes Beispiel sind Lab-on-a-Chip (LoC) Systeme auf Kunststoffbasis, welche teure labordiagnostische Systeme auf einem Chip vereinen. Bekannte Anwendungsbeispiele sind Blutzuckermessgeräte oder Antikörpertests. Das Herzstück eines LoC ist die mikrofluidische Plattform, welche die Filterung, Mischung und Transport von kleinsten Flüssigkeitsmengen bis in den Pikoliter-Bereich ermöglicht. Die Vorteile eines solchen miniaturisierten Analysegeräts sind immens. Die einfache Transportmöglichkeit erlaubt eine vor Ort Testung in Gegenden, in denen keine oder nur eine unzureichende Laborinfrastruktur vorhanden ist wie z.B. in Krisengebieten oder in Entwicklungsländern. Aufgrund ihrer hohen Komplexität bestehen diese Bauteile oftmals aus mehreren Komponenten, welche mittels Fügeverfahren verbunden werden. [1–3]

Klassische Fügeverfahren in der Kunststofftechnik sind z.B. das Ultraschall-, Heizelement- oder Reibschweißen. Für die Verkapselung hochsensitiver und komplexer Bauteile wie z.B. elektronischer Komponenten stoßen diese Verfahren an ihre technologischen Grenzen. Gefordert ist eine Fügetechnik, welche eine gezielte, reproduzierbare und berührungslose Aufschmelzung des Materials ermöglicht. Hierdurch werden mechanische Spannungen im Bauteil verhindert und das umliegende Material wird thermisch nicht belastet. Aufgrund des hochpräzisen und berührungslosen Energieeintrags bietet sich in solchen Fällen das Laserdurchstrahlschweißen (LDS) an. Bedingt durch die Entwicklung kostengünstiger Diodenlaser konnte sich das LDS seit seiner Einführung in den 90er Jahren in Forschung und Industrie etablieren. Die Verschweißung erfolgt in der Regel in Überlappanordnung: der Laserstrahl durchdringt den oberen transparenten Fügepartner und wird im unteren absorbierenden Fügepartner absorbiert. Das Absorptionsverhalten kann durch die Zugabe von Absorbermaterialien wie z.B. Ruß induziert werden. Durch die Absorption der Laserstrahlung kommt es zu einer Temperaturerhöhung im bestrahlten Bereich des unteren Fügepartners, wodurch dieser aufgeschmolzen wird. Über Wärmeleitung wird der obere Fügepartner ebenfalls aufgeschmolzen und die Schweißnaht entsteht nach der Erstarrung der Schweißnaht. [4–7]

In Anwendungsbereichen wie der eingangs vorgestellten LoC Technologie oder weiteren Produkten aus der Medizin- oder Verpackungstechnik ist die Nutzung eines Absorbermaterials oftmals unerwünscht oder gar unzulässig. Gründe hierfür sind, dass die in diesen Bereichen verwendeten Kunststoffe eine hohe Transparenz aufweisen müssen, wie z.B. Infusionsbeutel oder Lebensmittelverpackungen. Des Weiteren herrschen insbesondere im Bereich der Medizintechnik hohe Anforderungen an die Biokompabilität der verwendeten Materialien, sodass Absorbermaterialien strengen Zulassungsprozessen unterliegen. Die Anschaffungskosten von speziellen biokompatiblen Absorbermaterialien, welche zudem die Transparenz des Kunststoffes nicht beeinträchtigen, sind deutlich höher als bei klassischen Absorbermateralien. Insbesondere in großvolumigen Bauteilen führt dies zu hohen Materialkosten. [8, 9]

Einen Lösungsansatz bildet das absorberfreie LDS, welches seit mehr als 10 Jahren am Fraunhofer ILT erforscht und weiterentwickelt wird. Hierbei werden Strahlquellen wie z.B. Thulium-Faserlaser verwendet, welche im natürlichen Absorptionsbereich (der sog. „intrinsischen Absorption") der Kunststoffe Strahlung emittieren. Mit Hilfe dieses Verfahrens ist es möglich, transparente Kunststoffe ohne jegliche Absorbermaterialien zu fügen. Da beide Fügepartner identische optische Eigenschaften besitzen, wird im Gegensatz zum klassischen LDS die auftreffende Laserstrahlung im gesamten bestrahlten Volumen absorbiert. Dies führt zu einer vertikal stark ausgedehnten Wärmeeinflusszone (WEZ), welche sich entlang des gesamten Materialquerschnitts erstrecken kann. Die erhöhte Schmelzebildung führt zu einer höheren thermischen Belastung im Bauteil. Insbesondere bei flachen Bauteilen kann dies zum Verzug, zur Rissbildung und somit zum Ausschuss des Bauteils führen. [9–11]

1.2 Zielsetzung

Das zentrale Ziel dieser Arbeit ist die detaillierte Analyse der Absorptionsvorgänge und der lokalen Energiedeposition in transparenten Kunststoffen. Ein weiterer Bestandteil der Arbeit ist die Entwicklung einer Fügetechnik zur gezielten Aufschmelzung des Kunststoffes in der Fügezone, um eine lokale Begrenzung der WEZ zu erreichen. Durch die Realisierung von komplexen und feinen Nahtgeometrien mit Nahtbreiten zwischen 50 – 400 µm soll die thermische Belastung im Kunststoff gering gehalten werden. Hierfür müssen grundlegende Kenntnisse zum Einfluss der Energiedeposition auf die Ausbildung der WEZ geschaffen werden. Weitere wichtige Anforderungen zur Etablierung des absorberfreien LDS sind die Vermeidung von Schädigungen des Kunststoffes (z.B. Verbrennungen und Rissbildung) sowie die Erzeugung homogener Nahteigenschaften entlang der Schweißkontur.

Als Bestrahlungsstrategien werden sowohl das Konturschweißen (KS) als auch das Quasisimultanschweißen (QS) untersucht, welche sich in der Art der Energieeinbringung unterscheiden. Beim KS wird durch den Einsatz kurzbrennweitiger Linsen die zum Aufschmelzen notwendige Schwellintensität lediglich im Bereich des Fokus überschritten. Beim QS wird der Laserstrahl mit Hilfe eines Scannersystems mehrfach mit hohen Geschwindigkeiten entlang der Schweißkontur geführt. Hierdurch kommt es zu einer Wärmeakkumulation im Materialinneren, während an den Außenflächen des Kunststoffes Wärme abgeführt wird. Ein weiterer zu untersuchender Aspekt dieser Arbeit ist der Einfluss der Gefügestruktur auf die Ausbildung der WEZ. Während die Laserstrahlung in amorphen Kunststoffen nahezu ungehindert passieren kann, findet in teilkristallinen Kunststoffen Lichtstreuung statt, welche wiederum die Energieeinbringung und folglich die Ausbildung der WEZ beeinflusst. Die folgende Abbildung (s. Bild 1) stellt die unterschiedlichen Mechanismen der Energiedeposition beim KS und QS gegenüber.

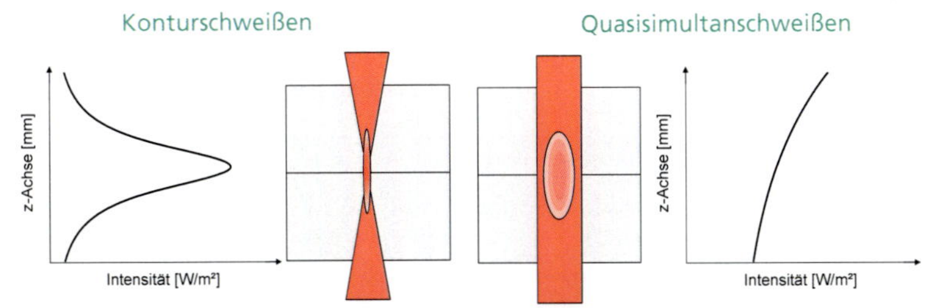

- Starke Fokussierung mit kurzbrennweitigen Linsen
- Notwendige Intensität zum Aufschmelzen wird im Fokusbereich erreicht

- Mehrfache Bestrahlung der gesamten Kontur mit hohen Geschwindigkeiten
- Simultane Erwärmung der bestrahlten Kontur
- Schrittweise Erwärmung im Materialinneren und Wärmeabfuhr an den Außenflächen

Bild 1: Die unterschiedlichen Mechanismen der Energiedeposition beim KS und QS.

Zusammengefasst sollen in dieser Arbeit drei zentrale Forschungsfragen beantwortet werden:

- Wie kann beim LDS von absorberfreien Kunststoffen die Strahlungsenergie in der Fügezone gezielt lokal deponiert werden und durch die Variation welcher Einflussgrößen wird dies erreicht (siehe Kapitel 3.6 und 4.6)?

- Welchen Einfluss hat das Materialgefüge auf die Energiedeposition und die Ausbildung der WEZ beim absorberfreien LDS (siehe Kapitel 3.5)?

- Wie kann die Nahtqualität zerstörungsfrei überwacht und sichergestellt werden und welche Voraussetzungen müssen hierfür erfüllt werden (siehe Kapitel 5.4 und 6.5)?

Die folgende Abbildung (s. Bild 2) zeigt die schematische Zielsetzung der Arbeit im Vergleich zum Stand der Technik.

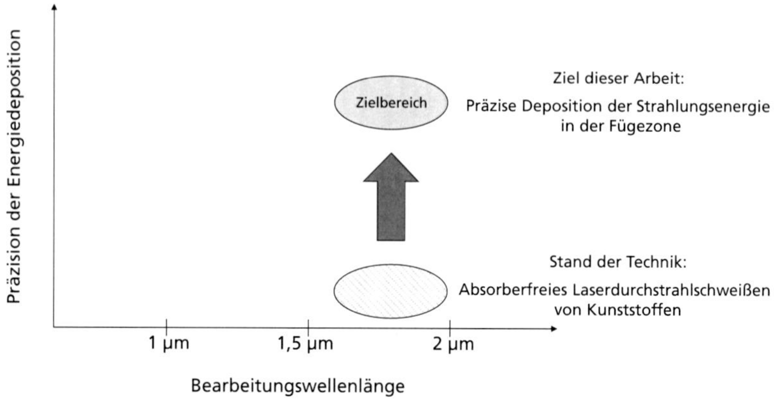

Bild 2: Schematische Zielsetzung dieser Arbeit im Vergleich zum Stand der Technik hinsichtlich der Präzision der Energiedeposition beim absorberfreien LDS.

1.3 Aufbau der Arbeit

Der Aufbau dieser Arbeit ist in Bild 3 dargestellt. In Kapitel 2 wird der Stand der Forschung und Technik beim LDS von Kunststoffen vorgestellt. Dabei wird zunächst auf das klassische LDS mit Absorbereinsatz eingegangen. Insbesondere werden hier die Nachteile des Absorbereinsatzes behandelt. Als neues Fügeverfahren wird das absorberfreie LDS vorgestellt, bei dem Strahlquellen verwendet werden, welche im intrinsischen Absorptionsbereich der Kunststoffe Strahlung emittieren. Der Einfluss der Volumenabsorption auf die Ausbildung der WEZ wird diskutiert.

In Kapitel 3 wird die Temperaturverteilung beim absorberfreien KS und QS mit Hilfe der Finiten Elemente Methode (FEM) simuliert. Das Simulationsmodell erlaubt einen Einblick in die Temperaturverteilung und –entwicklung im Materialinneren während des Schweißprozesses, welche sonst mit Kamerasystemen nicht erfassbar sind. Des Weiteren wird der Einfluss der Intensitätsverteilung sowie weiterer Faktoren auf die resultierende Temperaturverteilung untersucht. Ein wichtiger Aspekt ist die Berücksichtigung der Lichtstreuung in teilkristallinen Kunststoffen auf den Schweißprozess.

Bild 3: Aufbau und Vorgehensweise der Arbeit.

Im experimentellen Teil der Arbeit (Kapitel 4) findet eine Bewertung des Simulationsmodells statt. Des Weiteren wird beispielhaft das QS unter bauteilspezifischen Aspekten untersucht. Der Einfluss der notwendigen Mindestwechselwirkungszeit zwischen Laserstrahlung und Material für eine Aufschmelzung wird untersucht. Im Anschluss findet ein Verfahrensvergleich statt, bei dem die jeweiligen Vor- und Nachteile der Verfahren gegenübergestellt werden.

Im Rahmen dieser Arbeit werden zwei Ansätze zur Prozessüberwachung untersucht und vorgestellt. Die pyrometrische Prozessüberwachung (Kapitel 5) wird am Beispiel des QS vorgestellt. Durch die feinen Nahtgeometrien wird lediglich Wärmestrahlung im Bereich 10^{-9} W emittiert. Die Berechnung der emittierten Wärmestrahlung beim LDS wird in Kapitel 5.2 vorgestellt. Die Herausforderung besteht in einer möglichst verlustfreien Detektion der Wärmestrahlung, um ein zuverlässiges Messergebnis zu erhalten. Da die Emissionswellenlänge der beim absorberfreien LDS verwendeten Strahlquellen ferner im Messbereich des verwendeten Pyrometers liegt, wird der Laser gepulst betrieben, während die Temperaturmessung zwischen den Laserpulsen durchgeführt wird. In Kapitel 6 wird für das KS eine Prozessanalyse und -beobachtung mittels Deep Learning Algorithmen vorgestellt, welche ein

Teilgebiet der Künstlichen Intelligenz (KI) darstellen. Bei dem als Semantische Segmentierung bekannten Verfahren werden Anomalien wie z.B. Verbrennungen oder Blasenbildungen während des Schweißprozesses erkannt und klassifiziert.

In Kapitel 7 werden die zentralen Aspekte zusammengefasst und es wird ein Ausblick auf weitere zu untersuchende Fragestellungen gegeben.

2 Stand der Forschung und Technik

2.1 Technologische Einordnung des Laserdurchstrahlschweißens

Kunststoffe lassen sich auf vielfältige Art und Weise miteinander fügen. Das Kleben kann mittels chemisch, physikalisch und nicht abbindender Klebstoffe erfolgen. Ähnlich zum Schweißen handelt es sich um nichtlösbare und stoffschlüssige Verbindungen. Der Vorteil dieses Verfahrens liegt darin, dass auch artungleiche Kunststoffe miteinander gefügt werden können. Mechanische Verbindungen umfassen Schnapp-, Press- und Schraubverbindungen sowie das Nieten. Die Verbindungen sind zum Teil lösbar wie z.B. bei Schraubverbindungen. Nachteilig ist die Schwächung des Bauteils durch Bohrungen. [12] Die folgende Abbildung stellt die vorhandenen Fügetechnologien dar (s. Bild 4).

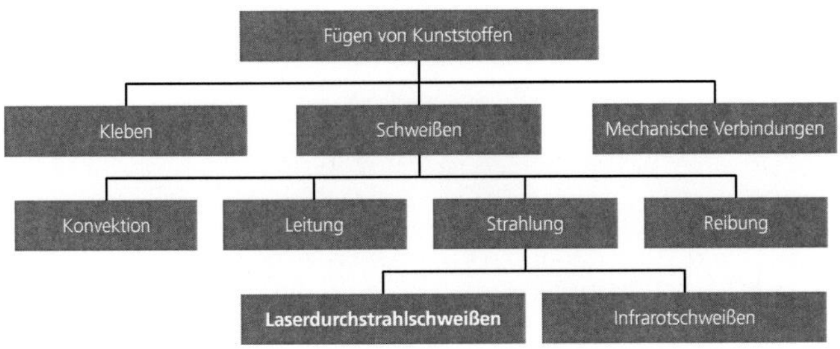

Bild 4: Technologische Einordnung des LDS innerhalb der Fügetechnik. Bild modifiziert nach [12].

Die in der Kunststoffbearbeitung eingesetzten Schweißverfahren unterscheiden sich in der Art der eingebrachten Wärmeenergie. Welches Verfahren eingesetzt wird hängt von dem Material, dem Bauteil, der angestrebten Nahtqualität und der Wirtschaftlichkeit ab [12]. Das Schweißen unterteilt sich in die drei Phasen Erwärmen, Fügen und Abkühlen unter Druck. Nach DIN 1910 erfolgt weiterhin eine Unterteilung der Energieeinbringung in Konvektion, Reibung, Wärmeleitung und Strahlung. Beim Schweißen über Wärmeleitung befinden sich die Fügepartner in Kontakt mit einem beheizten Element. Ein bekanntes Beispiel ist das Heizelementschweißen. Nach dem Aufheizprozess wird das Heizelement entfernt und die Fügepartner werden unter Druck gefügt. Der Energieeintrag über Reibung erfolgt beispielsweise über eine Relativbewegung wie z.B. beim Reibschweißen. Weiterhin ist es möglich, Kunststoffe über innere Reibungseffekte zu schweißen. Die hierfür notwendigen molekularen

Schwingungen werden über eine Anregung mittels einer stehenden Ultraschallwelle realisiert. Bei diesem Verfahren laufen sowohl die Aufheizphase als auch die Fügephase parallel ab. Beim Konvektionsschweißen wird der Kunststoff berührungslos mittels eines Heizgases erwärmt und aufgeschmolzen. Unter das strahlungsbasierte Schweißen fallen das Infrarotschweißen und das LDS. Beide Verfahren basieren auf der Strahlungsabsorption und der damit hervorgerufenen Temperaturerhöhung und Aufschmelzung im Material. [7, 12]

Seit seiner Einführung in den 90er Jahren konnte sich das LDS erfolgreich in der industriellen Produktion etablieren. Ermöglicht wurde dies durch die Entwicklung kostengünstiger Diodenlaser, welche zu einer steigenden Akzeptanz des Verfahrens führten. [13] Durch den präzisen und berührungslosen Energieeintrag können komplexe und feine Nahtgeometrien realisiert werden, während andere Fügeverfahren, wie z.B. das Ultraschall- und Heizelementschweißen an ihre technischen Grenzen stoßen [4, 14, 15]. Zusammengefasst zeichnet sich das LDS durch die folgenden Eigenschaften aus [5, 14]:

- berührungslose Bearbeitung der Fügeteile
- örtlich und zeitlich definierter Energieeintrag
- geringe mechanische und thermische Belastung der Fügeteile
- komplexe Nahtgeometrien realisierbar
- keine Schall-, Dampf- und Geruchsemissionen
- kurze Prozesszyklen

Beim LDS wird zwischen dem klassischen LDS mit Absorbereinsatz, welches industriell etabliert ist und dem neueren LDS von transparenten Kunststoffen ohne Absorbereinsatz unterschieden. Beide Verfahren werden in den folgenden Kapiteln genauer vorgestellt.

2.2 Laserdurchstrahlschweißen von Kunststoffen

2.2.1 Verfahrensprinzip und Eigenschaften

In den meisten Fällen erfolgt die Verschweißung in Überlappanordnung, jedoch ist auch eine Anordnung im Stumpfstoß möglich. Das charakteristische Prozessmerkmal beim klassischen LDS sind die unterschiedlichen optischen Eigenschaften der Fügepartner. [5, 15] Der Grund hierfür ist, dass die meisten naturbelassenen technischen Kunststoffe im Wellenlängenbereich typischer Strahlquellen (λ = 800 – 1100 nm) transparent sind. Als Strahlquellen werden Dioden- und Festkörperlaser verwendet. Diese werden für ein besseres Verständnis dieser Arbeit im Folgenden als klassische Strahlquellen bezeichnet.

Diodenlaser bieten den Vorteil einer flexiblen Strahlführung, da sie die Möglichkeit der Faserkopplung bieten. Des Weiteren sind die Investitions- und Betriebskosten geringer als z.B. bei einem Nd:YAG Laser. Der Nd:YAG Laser besitzt hingegen eine hohe Strahlqualität, wodurch kleine Fokusdurchmesser erzeugt werden können. Dies ist besonders für Mikroschweißungen mit geringen Nahtbreiten von Vorteil. [16] Das Verfahrensprinzip des LDS wird in der folgenden Abbildung dargestellt (s. Bild 5).

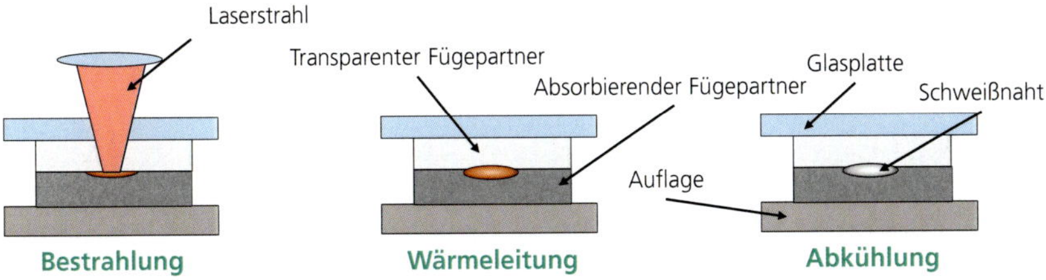

Bild 5: Verfahrensprinzip des klassischen LDS.

Der obere, der Laserstrahlung zugewandte, Fügepartner ist in der Bearbeitungswellenlänge des Lasers transparent. Folglich erfolgt hier keine bzw. lediglich eine geringe Absorption der Laserstrahlung. Der untere Fügepartner weist hingegen einen hohen Absorptionsgrad auf. Hierfür ist eine Eincompoundierung eines Absorbermaterials wie z.B. Ruß notwendig, welcher in der Emissionswellenlänge des Lasers stark absorbierend ist. Die auftreffende Laserstrahlung wird vom absorbierenden Fügepartner absorbiert und in Wärme umgewandelt. Durch die Temperaturerhöhung der bestrahlten Fläche oberhalb der Schmelz- oder Glasübergangstemperatur kommt es zu einem Aufschmelzen des absorbierenden Fügepartners. [4, 14, 15, 17] Der zeitliche Temperaturverlauf beim LDS wird in eine Aufheiz- und Abkühlphase unterteilt (s. Bild 6).

Bild 6: Schematischer Temperatur-Zeit-Verlauf beim LDS. Bild modifiziert nach [5].

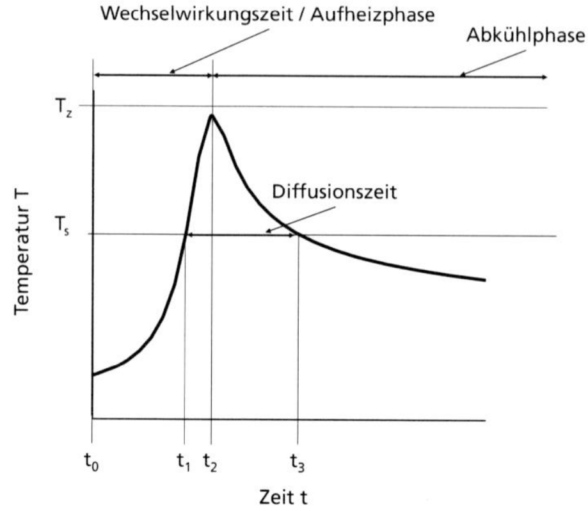

Die Aufheizzeit entspricht hierbei der Wechselwirkungszeit zwischen Laserstrahlung und Kunststoff. Mit Beginn der Aufheizzeit t_0 wird der Kunststoff lokal erwärmt, wodurch es zu einem Temperaturanstieg in der Fügezone kommt. Zum Zeitpunkt t_1 wird die Schmelztemperatur T_s überschritten, wodurch ein Übergang vom festen Kunststoff in die schmelzflüssige Phase auftritt. Hierdurch starten Diffusionsvorgänge zwischen beiden Fügepartnern, wodurch es zu einer Durchmischung und Verschlaufung der Makromoleküle kommt. Wird ebenfalls die Zersetzungstemperatur T_z überschritten, können thermische Schäden im Material auftreten. Für eine schadensfreie Verschweißung darf diese somit nicht überschritten werden. Die Aufheizphase endet zum Zeitpunkt t_2 und geht in die Abkühlphase über. Innerhalb dieser Abkühlphase finden weiterhin Diffusionsvorgänge statt, solange T_s nicht unterschritten wird. Zum Zeitpunkt t_3 ist der Kunststoff vollkommen erstarrt. Die Diffusionszeit setzt sich folglich aus $t_{Diff} = t_3 - t_1$ zusammen. [5, 6].

Die Diffusion und Verschlaufung der Molekülketten hängen sowohl von der Diffusionszeit, der Kettenlänge als auch von der Temperatur und somit der Viskosität innerhalb der Kunststoffschmelze ab. Je geringer diese ist, desto schneller laufen die Diffusionsvorgänge aufgrund der höheren Beweglichkeit der Molekülketten ab. Eine größere Kettenlänge führt zu einer größeren Trägheit der Moleküle, jedoch ist das Verschlaufungspotential hingegen größer. Durch eine Erhöhung der Laserleistung kann die Aufheizzeit und somit die Prozesszeit des Schweißvorgangs verkürzt werden. Hierdurch verringert sich ebenfalls das für die Diffusionsvorgänge verfügbare Zeitfenster und es findet weniger Wärmeleitung statt [5].

Durch den thermischen Kontakt zwischen beiden Fügepartnern, welcher durch eine Fügekraft realisiert wird, kommt es zu einer lokalen Aufschmelzung des oberen Fügepartners und einer Diffusion der Molekülketten zwischen beiden Fügepartnern [18]. Die Fügekraft wird mit Hilfe einer Spannvorrichtung aufgebracht, welche neben einer Minimierung des Restspalts des Weiteren eine reproduzierbare Positionierung beider Fügepartner zueinander ermöglicht [14]. Alternativ kann die Fügekraft durch im Bauteil integrierte Funktionselemente wie Schnappverbindungen aufgebracht werden [7].

Nach der Erstarrung der Schmelze entsteht folglich die Schweißnaht. Aufgrund der lokalen Deponierung der Strahlungsenergie in der Fügezone entsteht ferner kein Schweißwulst, wodurch die Schweißnaht in vielen Fällen nicht sichtbar ist [5]. Neben Ruß existieren heutzutage weitere Absorbermaterialien, sodass Kunststoffe mit unterschiedlichen Farbkombinationen gefügt werden können [19, 20].

Die Vorteile des LDS ermöglichen eine flexible und reproduzierbare Verschweißung von Hightech-Kunststoffbauteilen in kleinsten Dimensionen sowie unter hohen Qualitätsansprüchen. Beispielhafte Anwendungsbereiche sind die Verschweißung von dichten, medienführenden Bauteile sowie temperatur- und schwindungsempfindlichen Bauteilen aus der Elektro-, Automobil- und Medizinbranche. [4] Bild 7 zeigt beispielhaft eine polymere Bipolarplatte, welche mittels LDS gefügt werde.

Bild 7: Anwendungsbeispiel des LDS: Fügen von polymeren Bipolarplatten für die Herstellung von Brennstoffzellen.

2.2.2 Bestrahlungsstrategien und Verfahrensvarianten

Beim LDS wird im Allgemeinen zwischen vier unterschiedlichen Bestrahlungsstrategien (s. Bild 8) unterschieden [4–6, 13, 17]:

- Konturschweißen
- Simultanschweißen
- Quasisimultanschweißen
- Maskenschweißen

Die Unterscheidung der Verfahren wird anhand der Wechselwirkung zwischen Laserstrahlung und Werkstück vorgenommen. Die Nahtkontur kann beispielsweise einmalig oder mehrmalig bestrahlt werden, während die Aufschmelzung entweder sequenziell oder simultan erfolgen kann. Ferner existieren Abwandlungen der o.g. Bestrahlungsstrategien wie das TWIST-Verfahren und das GLOBO-Welding. [6]

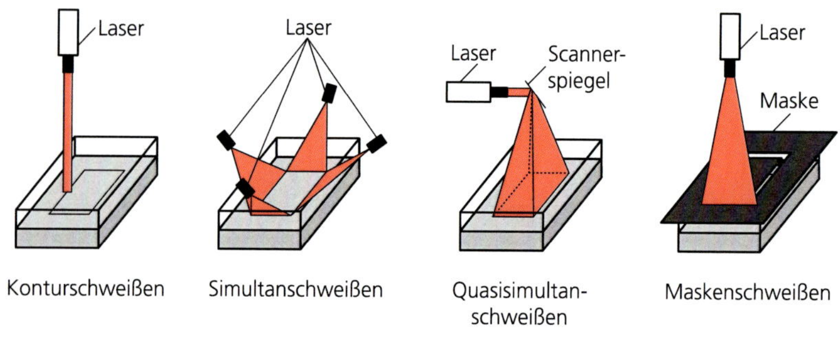

Bild 8: Übersicht der Bestrahlungsstrategien. Bild modifiziert nach [5].

Konturschweißen

Beim KS wird die Nahtkontur einmalig durch eine Relativbewegung zwischen Werkstück und Laserstrahl abgefahren. Üblicherweise wird die Relativbewegung über Linearachsen realisiert. Für die Generierung von 3D-Nähten kann die Kontur auch mit Hilfe eines Roboterarms abgefahren werden. Die Zykluszeiten eines Schweißprozesses sind hierbei variabel und hängen von der Vorschubgeschwindigkeit und der Nahtlänge ab. [5, 6] Aufgrund der langsamen Vorschubgeschwindigkeit entsteht lediglich ein Schmelzbad im Bereich der auftreffenden Laserstrahlung [7]. Der Vorteil dieses Verfahrens ist der kostengünstige Aufbau sowie die hohe Flexibilität, da die Nahtkontur nahezu beliebig angepasst werden kann [5]. Aus diesem Grund ist das KS die industriell am weitesten verbreitete Bestrahlungsstrategie. Der Nachteil dieses Verfahrens ist die geringe Spaltüberbrückbarkeit, da aufgrund der einmaligen Bestrahlung der Nahtkontur die Wechselwirkungszeit zwischen Laserstrahl und Werkstück kurz ist. Hierbei kann es vorkommen, dass bereits aufgeschmolzene Bereiche erstarrt sind bevor der Schweißprozess abgeschlossen ist. Somit sind enge Bauteiltoleranzen gefordert, da ansonsten Fehlstellen in Form von Nahtunterbrechungen oder lokalen thermischen Schädigungen auftreten. Zur Vermeidung eines Spalts zwischen beiden Fügepartnern findet der Schweißprozess unter einem hohen Fügedruck statt. [7] Hierdurch entstehen im Bereich der Schweißnaht Eigenspannungen, welche zu Rissen führen können. Für weiterführende Literatur zum Thema Eigenspannungen sei auf Arbeiten von Bölle und Kreimeier hingewiesen [21, 22].

Simultanschweißen

Im Gegensatz zum KS wird beim Simultanschweißen die gesamte Nahtkontur bestrahlt und plastifiziert. Eine Relativbewegung zwischen Laserstrahl und Werkstück findet somit nicht statt. Die gewünschte Nahtkontur kann mit Hilfe von strahlführenden Optiken generiert werden. Die Herausforderung ist hierbei die Erzeugung einer an die Nahtkontur angepassten Leistungsdichteverteilung mit Hilfe geeigneter Strahlformung und –führung. Die Vorteile sind hier die kurzen Zykluszeiten und die gute Spaltüberbrückbarkeit durch einen längeren Abschmelzweg. Dieses Verfahren eignet sich insbesondere für einfache Nahtgeometrien, da der Justieraufwand der passenden Strahlgeometrie mit komplexeren Nahtgeometrien stark ansteigt. Da die gesamte Kontur simultan gefügt wird, entsteht durch den Fügeweg ein Quetschfluss, welcher zur Prozessüberwachung genutzt werden kann. Aufgrund der kurzen Zykluszeiten wird dieses Verfahren zum Verschweißen von Bauteilen mit hohen Stückzahlen angewandt. [5–7]

Quasisimultanschweißen

Beim QS wird der Laserstrahl mit Hilfe eines Galvanometer-Scanners mit hohen Geschwindigkeiten mehrfach entlang der Nahtkontur bewegt. Die Positionierung und Ablenkung des Laserstrahls geschehen über zwei dynamisch angetriebene drehbare Spiegel. Im Gegensatz zum KS erfolgt die Aufschmelzung nicht sequenziell, sondern quasisimultan aufgrund der hohen Scangeschwindigkeiten und Anzahl an Überfahrten. Aufgrund der niedrigen Wärmeleitfähigkeit der Kunststoffe und der hohen Scanfrequenzen kommt es zu einer Wärmeakkumulation in der Fügezone. Die Vorteile dieses Verfahrens sind die kurzen Zykluszeiten sowie die gute Spaltüberbrückbarkeit aufgrund der Aufschmelzung des gesamten Nahtsegmentes und somit die Möglichkeit der

Ausgleichung von Bauteiltoleranzen. Nachteilig sind bei diesem Verfahren das begrenzte Scanfeld, welches von der Brennweite der Optik abhängt, sowie die erhöhten Anschaffungskosten und die umfangreicheren Prozessparameter. Um auch längere Nahtsegmente quasisimultan schweißen zu können, sind im Vergleich zum KS höhere Laserleistungen bis zu 400 W notwendig. [5–7]

Maskenschweißen

Beim Maskenschweißen wird eine Maske zwischen Werkstück und Bearbeitungsoptik positioniert, welche die auftreffende Laserstrahlung zum Teil abschattet. Die nicht abgeschatteten Bereiche treffen auf das Werkstück und schmelzen den Kunststoff auf. Anders als beim KS wird bei diesem Verfahren die Maske mit einem größeren Laserstrahldurchmesser abgefahren. Eine Änderung der Schweißnahtgeometrie erfordert die Fertigung einer neuen Maske. Der Vorteil dieses Verfahrens liegt in den kurzen Zykluszeiten, weshalb sich dieses Verfahren insbesondere für die Massenproduktion eignet. [5–7]

Sonderverfahren

Neben den obengenannten Standardverfahren existieren weitere Sonderverfahren, welche eine Kombination oder Abänderung der Standardverfahren darstellen. Beim GLOBO–Welding (s. Bild 9) wird der Fügedruck über eine drehbar gelagerte Kugel aufgebracht, wodurch bei diesem Verfahren keine Spannvorrichtung notwendig ist. Die Nahtkontur wird hierbei analog zum KS sequentiell abgefahren, wobei der Fügedruck nicht auf das gesamte Bauteil wirkt, sondern lediglich im Bereich des Kontaktpunktes zwischen Kugel und Werkstück.

Bild 9: Schematische Darstellung (links) und Bearbeitungskopf beim GLOBO-Welding (rechts). Eine Strahlfokussierung durch die Glaskugel wurde zur Vereinfachung der Darstellung vernachlässigt.

Beim TWIST-Verfahren (s. Bild 10) wird die Vorschubgeschwindigkeit mit einer zusätzlichen Bewegung senkrecht zur Vorschubrichtung überlagert. Als Optik werden Galvanometerscanner verwendet, die eine dynamische und präzise Bewegung des Laserstrahls ermöglichen. Im Vergleich zum konventionellen KS erfolgt bei diesem Verfahren ein homogenerer Energieeintrag in die Fügezone. Die Wärmeeinflusszone (WEZ) wird hierdurch in vertikaler Richtung reduziert bei einer gleichzeitig flexibel einstellbaren Schweißnahtbreite. [6, 23]

Bild 10: Das TWIST-Verfahren.

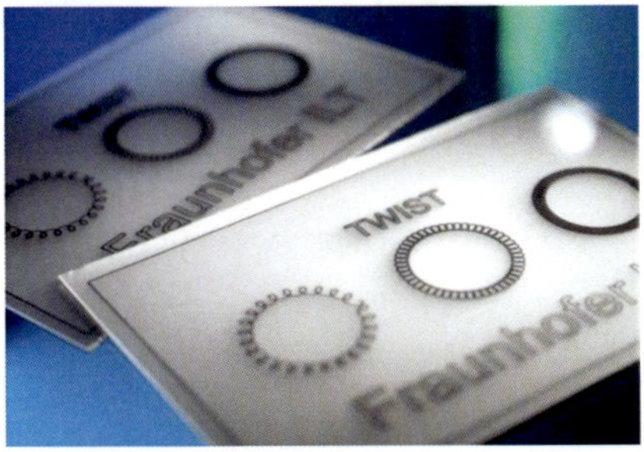

2.2.3 Nachteile des Absorbereinsatzes

Die Absorptionseigenschaften des absorbierenden Fügepartners werden hauptsächlich von der Art, der Menge und der Verteilung des Absorbermaterials bestimmt. Einen entscheidenden Einfluss auf die Schweißnahtqualität hat ferner die richtige Dosierung des Absorbermaterials. Diese wiederum beeinflusst den Absorptionskoeffizienten α [mm] und somit auch die optische Eindringtiefe d_{opt} [1/mm], welche unter der Voraussetzung, dass keine Streuung auftritt, als Inverse des Absorptionskoeffizienten:

2.1
$$\alpha = \frac{1}{d_{opt}}$$

definiert ist. Die optische Eindringtiefe gibt die Tiefe im Bauteil an, bei der die Strahlintensität auf den Faktor 1/e (~37 %) abgefallen ist. [5]

Eine falsche Dosierung oder eine ungenügende Verteilung des Absorbermaterials können zu einer ungleichmäßigen Absorption der Laserstrahlung und somit zu Nahtfehlstellen führen. Beispielweise führt ein zu hoher Absorberanteil zu einer geringeren optischen Eindringtiefe. Hierdurch wird die auftreffende Laserstrahlung in einem kleineren Materialvolumen absorbiert, wodurch es aufgrund der höheren Oberflächentemperatur zu Zersetzungserscheinungen kommen kann. Ein zu geringer Absorberanteil führt wiederum zu einer höheren optischen Eindringtiefe. In diesem Fall wird die Strahlungsenergie in einem größeren Materialvolumen absorbiert, wodurch es zu einer ungenügenden Erwärmung und somit zu Nahtunterbrechungen kommen kann. [5, 24]

Die Nutzung eines Absorbermaterials ist in einigen Branchen, wie der Medizintechnik, unerwünscht oder sogar unzulässig [25–27]. Grund hierfür ist, dass aus wirtschaftlichen Gründen hauptsächlich Ruß als Absorbermaterial eingesetzt wird, welches schon in geringen Mengen zu einer Schwarzfärbung des Bauteils führt. Die meisten in der Medizintechnik oder Biotechnologie verwendeten Kunststoffe sind hingegen im sichtbaren Bereich transparent, da es in Produkten wie z.B. Behältern und Spritzen notwendig ist, den Füllstand abzulesen. [28] Im Bereich der Mikrofluidik, wie z.B. LoC Systeme, werden an dem Fluid verschiedene optische und spektroskopische Tests durchgeführt. Auch hier ist der Einsatz von Zusatzstoffen wie Absorbermaterialien oder Klebstoffen unerwünscht, da hierdurch die Messergebnisse verfälscht werden können. [8]

Alternativ existieren auf dem Markt Infrarot-Absorbersysteme, welche im sichtbaren Wellenlängenbereich transparent sind und im Wellenlängenbereich > 800 nm Strahlung absorbieren, wie z.B. Clearweld® der Firma Gentex Corp., Zeeland, Michigan. Diese weisen keine oder nur eine geringfügige Eigenfärbung auf [24, 29]. Nachteilig sind die im Vergleich zu Ruß hohen Kosten, welche mehrere tausend Euro pro kg betragen können. Insbesondere bei großvolumigen Bauteilen führt dies zu hohen Produktionskosten. [27] Um diese Kosten zu reduzieren, kann das Absorbermaterial direkt in die Fügezone aufgetragen werden. Dies geschieht über eine Lösung, einer Zwischenschicht oder im Zweikomponentenspritzgußverfahren [24]. Eine weitere Einschränkung im Absorbereinsatz sind strenge Biokompabilitätsvorgaben in der Medizintechnik und Biotechnologie. Bevor ein Absorbermaterial in diesen Bereichen verwendet werden kann, müssen im Vorhinein langwierige Zulassungsverfahren durchgeführt werden. [27]

Aufgrund der obengenannten Problematiken existieren verschiedene Arbeiten, welche sich mit dem absorberfreien LDS beschäftigen. Bei diesem Verfahren muss jedoch eine Wellenlänge ausgewählt werden, bei der die Strahlung auch ohne Absorberzusatz absorbiert werden kann. Hierfür werden neue Strahlquellen verwendet, welche im natürlichen Absorptionsbereich der Kunststoffe Strahlung emittieren.

2.3 Laserdurchstrahlschweißen von transparenten Kunststoffen ohne Absorbereinsatz

2.3.1 Nutzung von Emissionswellenlängen im natürlichen Absorptionsspektrum der Kunststoffe

Bild 11 zeigt beispielhaft das wellenlängenabhängige Absorptionsverhalten von Polypropylen (PP), Polyphenylensulfon (PPSU) und Polycarbonat (PC). Hierbei ist erkennbar, dass im sichtbaren Bereich keine nennenswerte Absorption stattfindet. Lediglich in teilkristallinen Kunststoffen wie PP wird ein kleiner Teil (< 5%) der Strahlung absorbiert. Dies hängt damit zusammen, dass das Licht aufgrund der Lichtstreuung im Material einen längeren optischen Weg zurücklegt. Die meisten technischen Kunststoffe weisen im IR-B Bereich ab einer Wellenlänge von λ = 1600 nm ein charakteristisches Absorptionsverhalten auf, welches auf Ober- und Kombinationsschwingungen von funktionellen Gruppen wie z.B. Methylengruppen zurückzuführen ist. [30] Die Absorptionssignale werden als Absorptionsbanden bezeichnet, scharfe Banden in einem engen Wellenlängenbereich werden hingegen Peaks genannt [31].

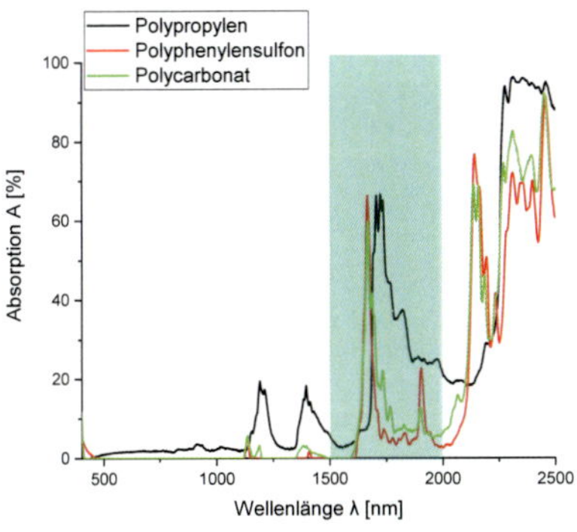

Bild 11: Absorptionsspektren von PP, PPSU und PC. Die Bearbeitungswellenlängen beim absorberfreien LDS befinden sich im grün markierten Bereich.

Die Lichtabsorption im IR-Bereich basiert auf Molekülschwingungen, während die Absorption im UV- und sichtbaren Bereich durch eine Änderung des Elektronenniveaus hervorgerufen wird. Durch die Absorption von IR-Strahlung werden die Moleküle von einem energieärmeren Schwingungszustand in einen energiereicheren Zustand angeregt. Die Schwingungsniveaus weisen charakteristische energetische Abstände auf, welche von der Struktur der Moleküle, von der Art der Schwingung und von den beteiligten Atomen abhängen. Der fundamentale Übergang findet vom Grundzustand in den ersten angeregten Zustand statt. Die Übergänge in höhere Zustände werden als

Obertöne oder Oberschwingungen bezeichnet. Während die Grundschwingungen zu einer hohen Absorption führen, weisen Oberschwingungen schwache Absorptionsbanden auf. [30–32] Die folgende Abbildung fasst die Absorptionsmechanismen in Abhängigkeit der Wellenlänge zusammen (s. Bild 12).

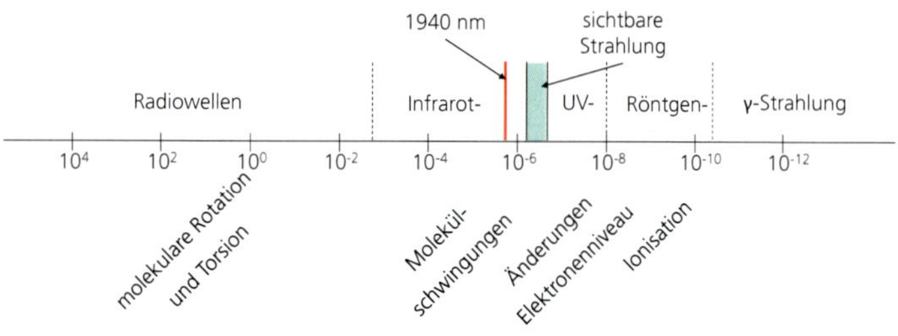

Bild 12: Die Absorptionsmechanismen in Kunststoffen in Abhängigkeit der Wellenlänge. Bild modifiziert nach [31, 33].

Durch die Nutzung von Laserstrahlquellen, welche im Bereich der intrinsischen Absorptionsbanden Strahlung emittieren, können Kunststoffe mit den gleichen optischen Eigenschaften ohne Absorberzusatz verschweißt werden. Für dieses Verfahren werden Dioden- oder Faserlaser verwendet. Die für das absorberfreie LDS geeigneten Diodenlaser besitzen Emissionswellenlängen von z. B. λ = 1660 nm, 1685 nm und 1940 nm. Aufgrund der im Vergleich zu Faserlasern niedrigeren Strahlqualität weist die emittierte Strahlung keine hohe Intensitätsspitzen auf, welche wiederum zu einer gleichmäßigeren Temperaturverteilung im Kunststoff führt. Zur Erzeugung kleinster Strahldurchmesser eignen sich aufgrund ihrer hohen Strahlqualität Thulium-dotierte Faserlaser mit einer Emissionswellenlänge von λ = 1940 nm [10, 20, 34]. Das gaußverteilte Intensitätsprofil erzeugt jedoch insbesondere bei kleinen Strahldurchmessern eine inhomogene Temperaturverteilung im Material, wodurch thermische Schäden durch hohe Temperaturspitzen in der Schweißnaht entstehen können. Die Fügepartner können sowohl im Stumpfstoß- als auch in Überlappanordnung gefügt werden. [10, 34, 35]

2.3.2 Anwendungsbereiche des absorberfreien Laserdurchstrahlschweißens

Ein Anwendungsbeispiel des absorberfreien LDS ist die Verkapselung von organischen Elektroniken wie z.B. organischen LEDs (OLEDs) [36]. Diese basieren auf einem organischen Halbleitermaterial und können auf ein flexibles Substrat aufgebracht werden. Weitere Vorteile sind das geringe Gewicht sowie die Möglichkeit, großflächige Bauteile herzustellen. OLEDs werden heutzutage in Displays von Mobilgeräten wie z.B. Smartphones oder Tablets eingebaut. Ein weiteres Anwendungsfeld ist die Nutzung als Lichtquelle. [37] Aufgrund ihrer hohen Empfindlichkeit gegenüber Feuchtigkeit und Sauerstoff müssen organische Elektroniken zwischen Hochbarrierefolien verkapselt werden. Diese Verbundfolien bestehen aus einem Polyethylenterephthalat (PET) Substratmaterial und mehreren anorganischen oder organischen Barriereschichten wie z.B. Aluminiumoxid.

Als Strahlquelle wird für den Schweißprozess ein Diodenlaser mit einer Bearbeitungswellenlänge von λ = 1660 nm verwendet, da PET in diesem Bereich einen Absorptionspeak aufweist. Somit wird innerhalb der Verbundfolie die Laserstrahlung überwiegend in der PET Schicht absorbiert, weshalb eine gezielte Deponierung der Strahlungsenergie möglich ist. Eine thermische Beschädigung der Barriereschichten wird vermieden. [36] Durch die Bestrahlung mit großen Fokusdurchmessern im mm-Bereich können breite Siegelnähte mit einer hohen Festigkeit generiert werden [38].

Weitere Anwendungsfelder stellen die Medizintechnik und die Biotechnologie dar. Insbesondere die Medizintechnik bildet einen vielversprechenden Markt, da hier schätzungsweise die Hälfte der Medizinprodukte aus Kunststoff besteht [39]. Eine besondere technische Herausforderung an die Fügetechnik stellt die Verkapselung von mikrofluidischen Systemen dar. Mikrofluidische Systeme ermöglichen den Transport, die Mischung und Filterung von kleinsten Flüssigkeitsmengen bis in den Pikoliterbereich. LoC Systeme vereinen beispielsweise die Funktionalitäten teurer Laborgeräte auf das Format einer Kreditkarte und ermöglichen so die Miniaturisierung, Parallelisierung und Diversifizierung wichtiger labordiagnostischer Verfahren. Diese winzigen tragbaren Analyseeinheiten werden für kosteneffiziente klinische Schnelltests verwendet und eignen sich insbesondere für den Einsatz in Gebieten mit unzureichender Laborinfrastruktur wie z.B. in Entwicklungsländern. Prominente Anwendungsbeispiele sind die Detektion von bakteriellen und viralen Infektionen, Blutzucker- oder auch HIV-Tests. Diese Chips konnten in der Vergangenheit ein beachtliches Wachstum vorweisen und sind hierdurch verstärkt in den Fokus gerückt [1, 3, 38, 40]. Die folgende Abbildung zeigt den beispielhaften Aufbau eines mikrofluidischen Chips (s. Bild 13).

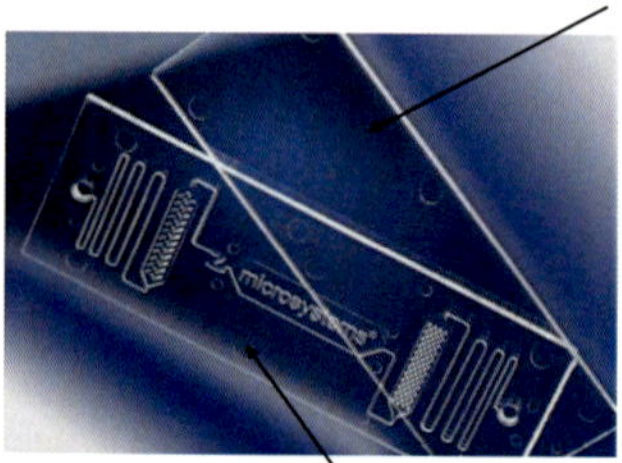

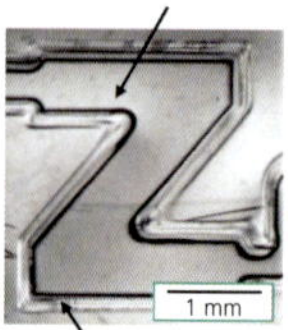

Bild 13: Beispielhafter Lab-on-a-Chip der Fa. z-microsystems GmbH, Dornbirn, Österreich (links) und mediendichte Verkapselung der mikrofluidischen Kanäle (rechts). Bild modifiziert nach [41].

Üblicherweise besteht ein mikrofluidischer Chip aus einem Grundkörper mit mehreren Reaktions- und Mischkammern, welche über Mikrokanäle miteinander verbunden sind. Dieser Grundkörper wird entweder mit einer Trägerfolie oder einem Deckel verkapselt. Aufgrund der hohen Strahlqualität werden Faserlaser verwendet, wodurch kleine Fokusdurchmesser $w_0 < 100$ µm erzeugt werden können. Die Herausforderung besteht hier in der exakten Führung der Laserstrahlung entlang der Kanalstrukturen. Ist der Abstand zwischen Laserstrahlung und Kanalrand zu gering, kann Schmelze in die Kanäle eindringen. Hierdurch kann es zu einer Blockierung des Kanals kommen oder die Strömungseigenschaften des Fluids werden beeinträchtigt. Im Falle einer Nahtunterbrechung ist der Chip hingegen undicht und das Fluid kann entweichen. Durch die hohe Nahtdichte kann es weiterhin zu Wärmeakkumulationseffekten kommen, welche wiederum zu einem Verzug des mikrofluidischen Chips führen. [1, 42]

2.3.3 Einfluss der Volumenabsorption auf die Ausbildung der WEZ

Anders als beim klassischen LDS, bei dem die transmittierte Laserstrahlung oberflächennah vom unteren Fügepartner absorbiert und in Wärme umgewandelt wird, wird aufgrund der identischen optischen Eigenschaften die Laserstrahlung im gesamten Bauteilvolumen beim absorberfreien LDS absorbiert (s. Bild 14). Unter der Annahme einer Bestrahlung mit einem kollimierten oder schwach fokussiertem Laserstrahl kommt es zu einer exponentiellen Abnahme der Strahlintensität bei der Propagation durch den Kunststoff. Durch die höhere optische Eindringtiefe dringt die Laserstrahlung tiefer in das Material ein, der Temperaturgradient ist folglich geringer als beim klassischen LDS und es wird ein größeres Materialvolumen aufgeschmolzen, sodass der Kunststoff entlang des gesamten Materialquerschnitts aufgeschmolzen wird. [1, 43]

Bild 14: Die WEZ-Geometrie beim klassischen (links) und absorberfreien (rechts) LDS. Modifiziert nach [8].

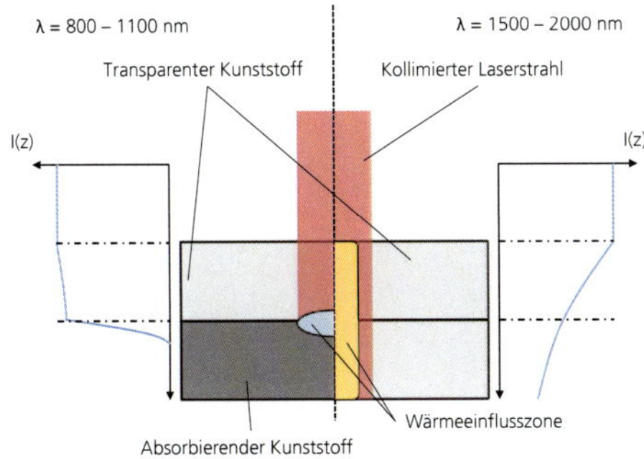

Der Intensitätsverlauf im Kunststoff wird durch zwei entgegengesetzt wirkende Effekte bestimmt. Zum einen steigt die Laserstrahlintensität I [W/m²] durch eine Strahlfokussierung entlang der Propagationsrichtung und sie erreicht ihr Maximum im Fokus. Die Laserstrahlintensität wird gemäß:

2.2 $$I(z) \sim \left(\frac{w_0}{w(z)}\right)^2$$

berechnet, wobei w_0 der Fokusradius [µm] und w der Strahlradius [µm] sind. Zum anderen wirkt der Intensitätszunahme ein Intensitätsabfall entlang der Strahlpropagationsrichtung entgegen, welche durch die Strahlungsabsorption hervorgerufen wird [1]. Die Abschwächung der Laserstrahlintensität beim Durchgang durch den Kunststoff wird in Abhängigkeit von der Materialdicke und der wellenlängenabhängigen Absorptionskoeffizienten durch das Lambert-Beer'sche Gesetz beschrieben [44]:

2.3 $$I(z) = I_0 * e^{-\alpha * z}$$

I_0 ist hierbei die Maximalintensität [W/m²]. Für eine selektive Erwärmung des Kunststoffes muss demnach der Intensitätsabfall durch die Volumenabsorption mittels einer hinreichend starken Strahlfokussierung kompensiert werden, sodass lediglich im Fokusbereich die für eine Aufschmelzung notwendige Materialtemperatur überschritten werden [1]. Die folgende Abbildung verdeutlicht die auftretenden Effekte (s. Bild 15).

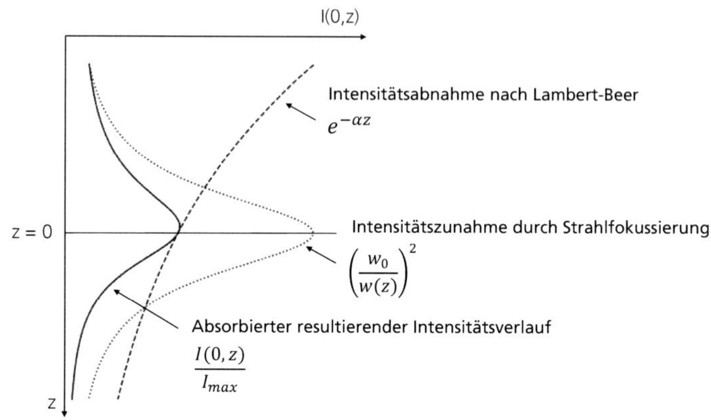

Bild 15: Intensitätsverlauf im Kunststoff in Strahlpropagationsrichtung unter Berücksichtigung von Fokussierung und Absorption.

Im Falle eines kollimierten oder schwach fokussierten Laserstrahls befinden sich das Intensitäts- und Temperaturmaximum auf der Oberfläche des oberen Fügepartners. Dies ist der Fall, wenn z.B. langbrennweitige Fokussierlinsen verwendet werden. Aufgrund der Intensitätsabnahme im Bauteil wird ein höherer Strahlungsanteil in der Strahleintrittsfläche absorbiert als in der Fügezone. Hierdurch können thermische Beschädigungen auf der Bauteiloberfläche entstehen wie z.B. Verbrennungen. Ferner kann es aufgrund der größeren Schmelzebildung entlang der Strahlpropagationsrichtung zu einem Materialaustrieb auf der Eintrittsfläche und somit zur Wulstbildung kommen. [8, 43, 45] Durch die Volumenabsorption entsteht folglich eine WEZ, welche sich vertikal entlang des Bauteilquerschnitts erstreckt (s. Bild 14). Aufgrund des größeren Schmelzevolumens ist die thermische Belastung beim absorberfreien LDS größer als in der klassischen Variante. Während der Erstarrung der Schmelze kann es durch ungleichmäßige Volumenkontraktion zu Eigenspannungen kommen, welche zu einer Rissbildung im Bauteil führen kann. Insbesondere in flachen Bauteilen kann es ferner zu Verzug kommen.

Eine gezielte Aufschmelzung des Kunststoffes kann durch eine starke Fokussierung der Laserstrahlung mit kurzbrennweitigen Linsen realisiert werden. Laut Mamuschkin et al. lässt sich eine selektive Erwärmung des Kunststoffes realisieren, wenn für die Rayleighlänge z_R [µm] und den Absorptionskoeffizienten α [1/mm] die folgenden Bedingungen: [1, 41, 46]

2.4

$$z_R \leq \frac{1}{2 * \alpha}$$

und

2.5 $$\alpha < \frac{1}{d}$$

erfüllt sind, wobei d die Dicke des oberen Fügepartners [mm] ist. Hier sei darauf hingewiesen, dass es sich bei den o.g. Bedingungen um notwendige und nicht hinreichende Bedingungen handelt. Ferner spielen für die Ausbildung der WEZ weitere Faktoren eine Rolle wie die Wärmeleitung des Materials. [1, 41, 46]

Gefordert ist somit eine Fügetechnik, welche die Komponenten reproduzierbar und präzise verbindet. Um das absorberfreie LDS als neues Fügeverfahren etablieren zu können, soll die Strahlungsenergie, analog zum klassischen LDS, gezielt in der Fügezone deponiert werden, um eine selektive Aufschmelzung des Kunststoffes und somit möglichst feine Nahtstrukturen zu realisieren. Hierdurch wird die thermische Belastung des Bauteils verringert. Im Folgenden werden einige Ansätze zur selektiven Aufschmelzung des Kunststoffs vorgestellt.

2.4 Strategien zur gezielten Deponierung der Strahlungsenergie in der Fügezone

2.4.1 Absorberfreies LDS mittels Strahlüberlagerung

Für eine gezielte Deponierung der Strahlungsenergie in der Fügezone wird eine Verschweißung mittels Strahlüberlagerung von Polster untersucht. In diesem Verfahren treffen vier Teilstrahlen in einem Winkel zur Lot-richtung auf den Kunststoff auf. Die Intensität eines einzelnen Strahls ist für eine Aufschmelzung des Kunststoffes nicht ausreichend. Der Einfallswinkel bewirkt, dass eine möglichst große Fläche auf der Oberfläche des oberen Fügepartners bestrahlt wird, sodass eine Wärmeakkumulation vermieden wird. In der Fügezone treffen die Teilstrahlen im Anschluss zusammen, sodass in diesem Bereich die Schwellintensität überschritten wird. [24]

Nachteilig ist an diesem Verfahren der hohe Justageaufwand, da es aufgrund der Neigung der Teilstrahlen zu einer unterschiedlichen Lichtbrechung und somit zu einer Fokuslagenverschiebung kommt. Auch hängt der Reflexionsgrad vom Bestrahlungswinkel ab, sodass mit höherem Neigungswinkel die im Material deponierte Strahlungsenergie verringert wird. Ein weiterer Aspekt ist die ellipsenförmige Verzerrung des Laserstrahls auf der Bauteiloberfläche. Je größer der Neigungswinkel ist, desto größer ist der optische Pfad in Richtung Fügezone. In Abhängigkeit des Absorptionskoeffizienten führt dies zu einer Veränderung der Form der Wärmequelle. Die untersuchte WEZ weist thermische Schäden in Form von Karbonisierung auf, sodass die optische Transparenz des Bauteils teilweise verloren geht. [24]

Mamuschkin verwendet hingegen einen Ringspiegel aus Kupfer, welcher koaxial unterhalb eines Scanners angebracht ist. Der Laserstrahl trifft senkrecht auf den Ringspiegel auf und wird in Richtung des Kunststoffes mit einem Neigungswinkel reflektiert. Mit Hilfe des Scanners wird der Laserstrahl mit hohen

Geschwindigkeiten im Bereich 300 mm/s kreisförmig entlang des Ringspiegels bewegt (s. Bild 16). [47]

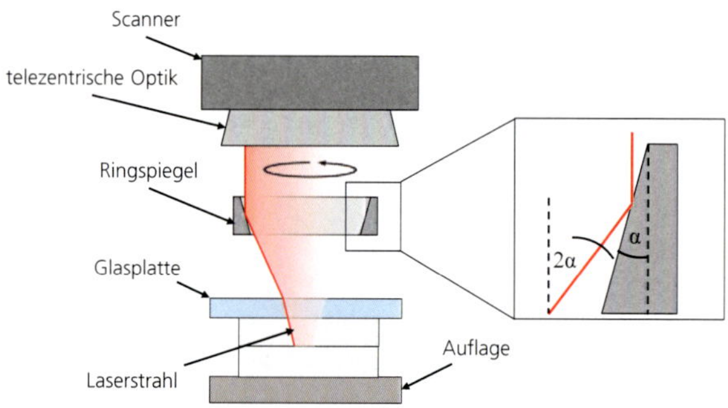

Bild 16: Das absorberfreie LDS mit dynamischer Strahlüberlagerung. Bild modifiziert nach [47].

Es handelt sich somit nicht um eine gleichzeitige Bestrahlung mit mehreren Teilstrahlen, diese wird hingegen mittels einer quasisimultanen Bestrahlung angenähert [47]. Die folgende Abbildung (s. Bild 17) zeigt die WEZ in PC, als Strahlquelle wird ein Thulium Faserlaser verwendet.

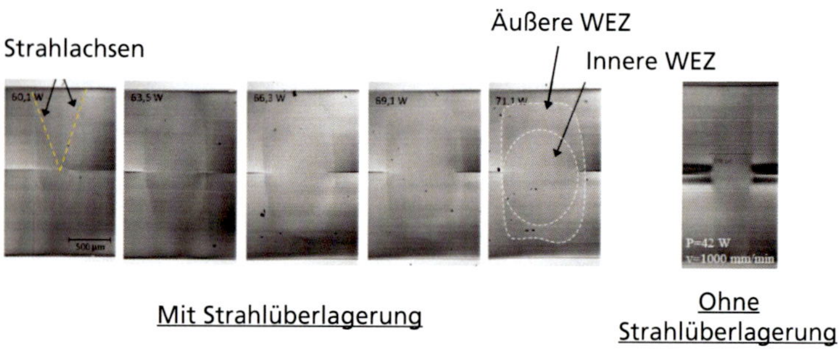

Bild 17: WEZ beim absorberfreien LDS mit (links) und ohne (rechts) dynamischer Strahlüberlagerung. Bild modifiziert nach [47].

Im Vergleich zum KS kann bei der dynamischen Strahlüberlagerung eine Reduktion der WEZ-Höhe erzielt werden. Des Weiteren weist die WEZ eine unterschiedliche Form auf. Während die WEZ beim KS eine zylindrische Form annimmt, weist sie bei der dynamischen Strahlüberlagerung eine ovale bis rechteckige Form auf. Bei Überschreitung einer Schwellintensität bildet sich eine äußere WEZ, welche die innere WEZ umschließt, aus. Laut Mamuschkin werden durch das Vorhandensein von zwei Fokusbereichen die äußere und innere WEZ erzeugt. Der Grund hierfür ist ein Astigmatismus, welcher durch die ringförmige Fläche des Spiegels erzeugt wird. [47]

2.4.2 Deponierung der Strahlungsenergie in mehrschichtigen Folien

Durch die Herstellung von mehrschichten Verbundfolien, auch Multilayer-Folien genannt, können die spezifischen Eigenschaften der einzelnen Materialien kombiniert werden. Neben reinen polymeren Multilayer-Folien existieren auch Verbundfolien mit anorganischen Schichten (wie z.B. Aluminium). Multilayer-Folien werden für die Verkapselung eines Gutes verwendet, um ein Eindringen von Gas, Flüssigkeit oder Dämpfen zu unterbinden. Die Sperrwirkung wird durch eine Barriereschicht erzielt, welche im Multilayer-Verbund eingeschlossen ist. Die Verbundfolien sorgen für die mechanische Festigkeit des Verbundes und für den Schutz der Barriereschicht vor äußeren Einflüssen. Für eine ausreichende Haftung können Haftvermittler (HV) verwendet werden. Klassische Verbundmaterialien sind PE, PA, PET oder PP. [48, 49] Typische Anwendungsfelder sind die Verpackung von Lebensmitteln oder Verkapselung von sensitiven elektrischen Komponenten wie z.B. OLEDs oder OPV [36]. In der folgenden Abbildung (s. Bild 18) werden beispielhafte Zusammensetzungen für Multilayer-Folien präsentiert.

Bild 18: Beispielhafter Aufbau von Multilayer-Folien. Modifiziert nach [49].

Beispielhafter Aufbau von Multilayer-Folien

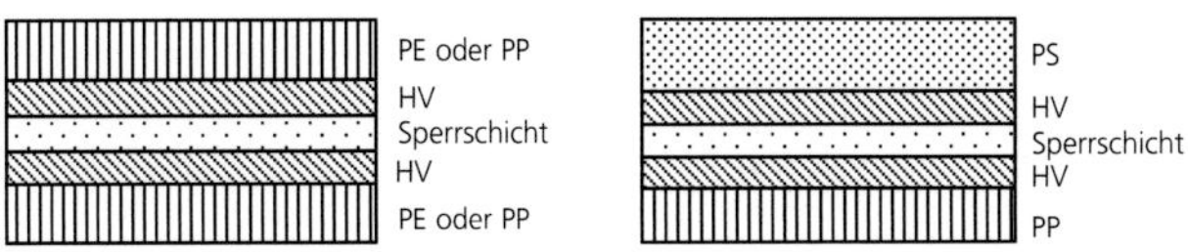

Bei einer Überlappverschweißung muss sichergestellt werden, dass lediglich die unterste Schicht des oberen Fügepartners und die oberste Schicht des unteren Fügepartners aufgeschmolzen werden. Findet hingegen eine Aufschmelzung entlang des gesamten Materialquerschnitts statt, können Schäden in der Barriereschicht entstehen. Dies wiederum führt zu einer Beschädigung des Verpackungsgutes. Wie in Kapitel 2.3 eingangs vorgestellt, weisen Kunststoffe ein material- und wellenlängenabhängiges Absorptionsverhalten auf. Durch die Nutzung von Strahlquellen, welche im Bereich eines Absorptionspeaks einer Verbundfolie Strahlung emittieren, kann eine gezielte Deponierung der Strahlungsenergie und Aufschmelzung sichergestellt werden. [36] Aufgrund von Wärmeleitungseffekten ist auch eine Erwärmung der umliegenden Schichten nicht vermeidbar. Des Weiteren beeinflussen die unterschiedlichen Schichten die Strahlpropgation im Verbund.

In Arbeiten von Brosda wird die Temperaturverteilung in einem Multilayer-Verbund simuliert. Als Material wird ein PET/PE-Verbund gewählt, wobei jeweils die PE-Seite miteinander gefügt wurde. Die Simulationsergebnisse zeigen, dass die höchsten Materialtemperaturen in der PE-Schicht erreicht werden. Auch besitzt PE eine geringere Schmelztemperatur als PET, sodass keine Aufschmelzung des PET erfolgt. Abweichungen in der WEZ-Geometrie zwischen der Simulation und der realen Schweißnaht werden auf Grenzwiderstände zwischen dem Andruckglas und dem Kunststoff zurückgeführt. Diese können z.B. durch Lufteinschlüsse hervorgerufen werden und verringern den Wärmeübergang in Richtung des Andruckglases. [50]

2.4.3 Anregung von nichtlinearen Absorptionsmechanismen mittels Ultrakurzpulslaser

Ein weiterer Ansatz ist die Bestrahlung des Kunststoffes mittels ultrakurzgepulster (UKP) Laserstrahlung im transparenten Wellenlängenbereich des Kunststoffes. Es handelt sich hierbei um ein junges Forschungsgebiet, welches seinen Ursprung im Glasfügen hat. [51–54] Wird ausschließlich lineare Absorption betrachtet, so reicht die Photonenenergie im transparenten Wellenlängenbereich nicht aus, um die Elektronen vom Valenz- in das energetisch höhere Leitungsband anzuheben. Die Bandlücke des Kunststoffes ist folglich größer als die Photonenenergie. Bei einer hinreichend starken Fokussierung der UKP-Laserstrahlung ($t_P \leq 10$ ps) können kurzzeitig Spitzenintensitäten $I > 10^{13}$ W/cm² im Fokus erreicht werden. Diese hohen Intensitäten führen zu einer zeitlich und örtlich hohen Photonendichte im Fokusvolumen, sodass die Initiierung von nichtlinearen Absorptionsprozessen wahrscheinlich wird und Elektronen vom Valenz- in das höher energetische Leitungsband angehoben werden (s. Bild 19). [55, 56]

Bild 19: Nichtlineare Absorptionsprozesse. Bild modifiziert nach [57].

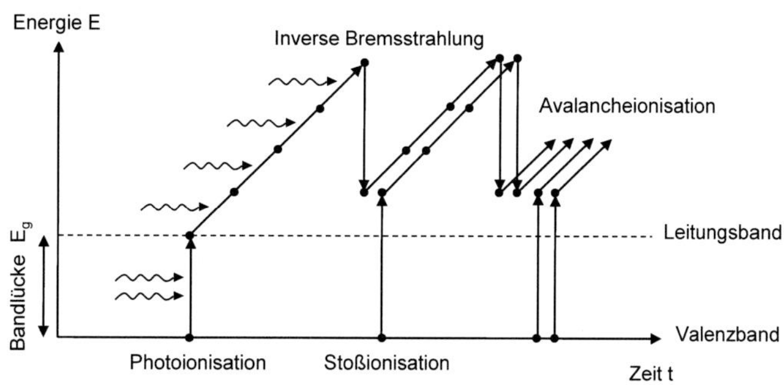

Bei der nichtlinearen Absorption ist zwischen der Multiphotonen- und der Tunnelionisation zu unterscheiden. Bei der Multiphotonenabsorption werden mehrere Photonen simultan durch ein Elektron absorbiert. Ist die Summe der einzelnen Photonenenergien größer als die Bandlücke, wird das Elektron in das höherenergetische Leitungsband angehoben. Bei der Tunnelionisation wird das elektrische Potential des bindenden Atoms durch die großen elektrischen Felder deformiert, sodass das Elektron die Potentialbarriere überwinden und in das Leitungsband tunneln kann. [55, 56]

Durch die lineare Absorption weiterer Photonen entfernt sich das Elektron energetisch vom Leitungsband. Über Stoßprozesse kann die exzessive Energie an weitere Elektronen im Valenzband weitergegeben werden, welche wiederum in das Leitungsband angehoben werden. Dieser Prozess wiederholt sich und läuft lawinenartig ab, weshalb dieser Prozess Avalancheionisation genannt wird. Das Material nimmt hierbei kurzzeitig einen metallischen Charakter an. [55, 56] Über Wärmeleitung wird das umliegende Material erwärmt, sodass eine WEZ generiert wird (s. Bild 20).

Bild 20: Absorptionsmechanismen und Schweißnahtbildung beim UKP-Fügen.

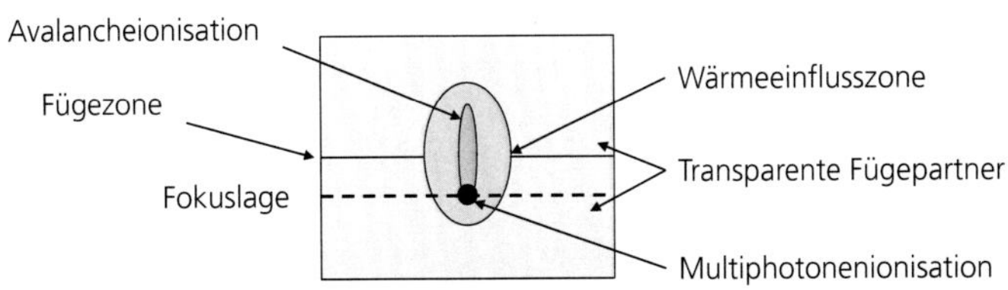

Der Vorteil dieses Verfahrens besteht darin, dass aufgrund der hohen Intensitätsabhängigkeit der nichtlinearen Absorption eine Materialmodifikation lediglich im Fokusvolumen stattfindet [55]. Während das UKP-Fügen für den Werkstoff Glas seit mehreren Jahren Gegenstand der Forschung ist [51, 52, 58, 59], existieren nach derzeitigem Stand nur wenige Arbeiten im Bereich Kunststofffügen mit UKP-Laser.

Erste Arbeiten im Bereich Kunststofffügen existieren von Volpe et al. und Roth et al., bei denen neben einer Aufschmelzung des Kunststoffes auch Verbrennungen und Lunkerbildungen beobachtet werden können [60–64].

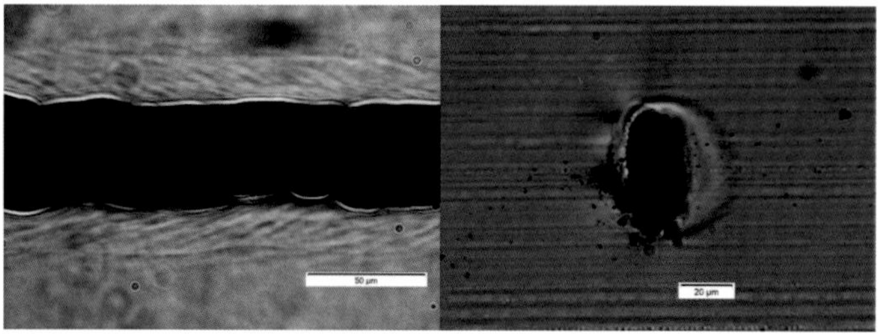

Bild 21: Blindschweißung in PC mittels UKP-Laser. Draufsicht (links) und Querschnitt (rechts).

In Bild 21 ist beispielhaft eine Blindschweißung in PC abgebildet. Erkennbar ist ein schwarzer Bereich, welcher durch eine Karbonisierung des Materials hervorgerufen wird. Laut Simulationsrechnungen, welche am Fraunhofer ILT durchgeführt wurden, werden während des Schweißprozesses Temperaturen von mehreren tausend Grad im Kunststoff erreicht. Diese liegen um ein Vielfaches über der Zersetzungstemperatur der Kunststoffe. Der durch die thermische Zersetzung entstehende Ruß bewirkt eine lineare Absorption der folgenden Laserpulse, was zu einer weiteren Schädigung des Kunststoffs führt. [65] Durch Wärmeleitungseffekte entsteht zudem eine WEZ, welche den karbonisierten Bereich umschließt. Ob eine schadensfreie Verschweißung von transparenten Kunststoffen mittels UKP-Laser möglich ist, ist nach derzeitigem Stand unbekannt.

3 Simulative Grundlagenuntersuchungen zum Laserdurchstrahlschweißen ohne Absorbereinsatz

3.1 Modellierung des Schweißprozesses

3.1.1 Prozessrelevante Grundlagen

Die thermische Simulation des LDS ermöglicht die Analyse der Temperaturverteilung und -entwicklung im Materialinneren während des Schweißprozesses, welche mittels Kamerasystemen nicht erfassbar sind. Weiterhin können die Strahl- und Materialeigenschaften beliebig angepasst werden, was bei experimentellen Versuchen nicht oder nur mit hohem Aufwand realisierbar wäre.

Beim LDS werden die Fügepartner in einer Spannvorrichtung fixiert und mit einem Fügedruck beaufschlagt, sodass ein spaltfreier Kontakt sichergestellt wird. Die Spannvorrichtung besteht aus einem Andruckglas sowie einer Auflagefläche aus Aluminium, welche die Fügepartner umschließen. Die Laserstrahlung wird von dem Andruckglas ohne nennenswerte Verluste transmittiert und dringt in den Kunststoff ein. Der nach dem Durchdringen des Kunststoffes transmittierte Anteil der Laserstrahlung wird durch die Aluminiumplatte zurückreflektiert (s. Bild 22).

Bild 22: Schematischer Aufbau des Schweißprozesses.

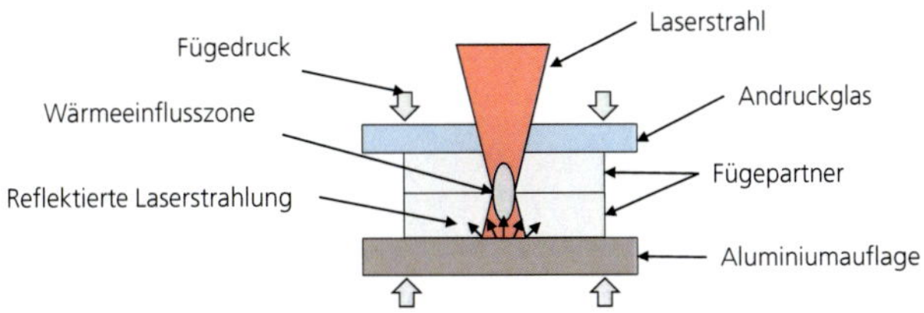

Als prozessbeschreibende Größe ist die Streckenenergie E_S [J/mm] das Maß für die eingebrachte Strahlungsenergie, sie ist folgendermaßen definiert [5]:

3.1
$$E_S = \frac{P_L}{v} * n$$

und ist von der Laserleistung P_L [W], der Vorschubgeschwindigkeit v [mm/s] und der Anzahl an Überfahrten n [-] abhängig.

Für den Fall n =1 liegt ein Konturschweißprozess vor. Bei der Streckenenergie E_S handelt es sich lediglich um eine Orientierungsgröße, da sie den Schweißprozess nicht vollständig beschreibt. Keine Berücksichtigung finden beispielsweise die Material- und Strahleigenschaften, weshalb gleiche Streckenenergien nicht zwangsläufig zu den gleichen Fügeergebnissen führen. [5]

Durch die Einkopplung der Strahlungsenergie im Kunststoff kommt es zu einem Temperaturanstieg und es entsteht ein Wärmestrom, welcher von der Strahlmitte in Richtung der kühleren Außenbereiche diffundiert. Neben der deponierten Strahlungsenergie hängt der Wärmestrom auch von der Wechselwirkungszeit zwischen der Laserstrahlung und dem Kunststoff ab. Um die Wärmetransportprozesse verschiedener Schweißprozesse beschreiben und vergleichen zu können, kann die Péclet Zahl Pé [-] verwendet werden, welche das Verhältnis von konvektivem zu diffusivem Wärmestrom angibt: [5, 41]

3.2

$$Pé = \begin{cases} \frac{v * 2 * z_R}{a}, für\ z_R < d_K \\ \frac{v * 2 * d_K}{a}, für\ z_R \geq d_K \end{cases}$$

wobei v die Relativbewegung zwischen Laserstrahlung und Kunststoff [mm/s], z_R die Rayleighlänge [mm], d_K die Dicke des Kunststoffs und a die Temperaturleitfähigkeit [mm²/s] sind.

Für den Fall, dass die Rayleighlänge z_R kleiner ist als die Dicke des Kunststoffs d_K, entspricht die charakteristische Länge der doppelten Rayleighlänge z_R. Dieses Szenario liegt häufig beim KS vor. Beim QS hingegen kann die Rayleighlänge z_R größer sein als die Dicke des Kunststoffs d_K. In diesem Fall entspricht die charakteristische Länge der Gesamtdicke beider Fügepartner (2* d_K).

Für das klassische LDS wird als charakteristische Länge hingegen der Strahldurchmesser verwendet. Der Grund hierfür ist, dass die Laserstrahlung nahezu vollständig auf der Oberfläche des unteren Fügepartners absorbiert wird (Oberflächenabsorption) und die Wärmequelle folglich in horizontaler Richtung eine größere Ausdehnung aufweist als in vertikaler Richtung. Beim absorberfreien LDS wird die Laserstrahlung hingegen im Materialvolumen absorbiert (Volumenabsorption), sodass der Fokusdurchmesser als charakteristische Länge nicht geeignet ist. Stattdessen muss die vertikale Ausdehnung der Wärmequelle berücksichtigt werden. Des Weiteren ist die vertikale Ausdehnung der Wärmequelle deutlich größer als die horizontale Ausdehnung. Aus diesem Grund sollen in der vorliegenden Arbeit die zweifache Rayleighlänge bzw. die Gesamtdicke beider Fügepartner als charakteristische Länge verwendet werden.

Der konvektive Energiefluss wird durch die Vorschubgeschwindigkeit v des Lasers bestimmt, während der diffusive Anteil von der Temperaturleitfähigkeit a des Materials abhängt. Es können zwei Fälle unterschieden werden:

- Für Pé >> 10 dominiert der konvektive Energiefluss. Das Temperaturfeld ist begrenzt und weist die Form der Wärmequelle auf. Dies ist beim KS der Fall.

- Für Pé < 10 dominiert der diffusive Wärmestrom. Dies ist hingegen beim QS der Fall.

Die Wechselwirkungszeit t_W [s] zwischen Laserstrahlung und Material wird gemäß [8]:

3.3
$$t_W = \frac{2 * w}{v} * n$$

berechnet. In den folgenden Kapiteln wird ein Modell zur Simulation des LDS mittels Finite-Elemente-Methode (FEM) vorgestellt. Das Simulationsmodell erlaubt die Untersuchung der Temperatur- und Intensitätsverteilung in Abhängigkeit der Prozess- und Materialparameter sowie der optischen Eigenschaften des Systems. Als Simulationssoftware wurde Comsol Multiphysics der Firma Comsol Inc., Stockholm, Schweden verwendet.

Bei der Propagation von Licht von einem optisch dünneren Medium mit dem Brechungsindex n_1 [-] in ein optisch dichteres Medium mit dem Brechungsindex n_2 [-] wird der Lichtstrahl zum Lot hin gebrochen. Im umgekehrten Fall wird das Licht vom Lot weggebrochen. Dieser Zusammenhang wird durch das Snellius'sche Brechungsgesetz gemäß:

3.4
$$n_1 * \sin(\alpha_1) = n_2 * \sin(\alpha_2)$$

beschrieben, wobei α_1 der Brechungswinkel in Material 1 [°] und α_2 der Brechungswinkel in Material 2 [-] sind. Beim LDS durchdringt der Laserstrahl zuerst die Glasplatte der Spannvorrichtung bevor sie auf den Kunststoff auftrifft. Aufgrund der höheren Brechungsindexe von Glas (n_G = 1,5) und Kunststoff (für PC gilt n_{PC} = 1,54) kommt es zu einer zweifachen Lichtbrechung bei der Fokussierung des Laserstrahls in Richtung des Lotes. Dies führt zu einer Verringerung des Divergenzwinkels und zu einer Verschiebung der Fokuslage in Richtung des unteren Fügepartners, sodass es in der Fügezone selbst zu einer Vergrößerung des Strahldurchmessers kommt (s. Bild 23). In der Praxis muss dieser Fokusversatz durch eine Anpassung der Fokuslage korrigiert werden.

Bild 23:
Verschiebung der
Fokuslage durch
Lichtbrechung.

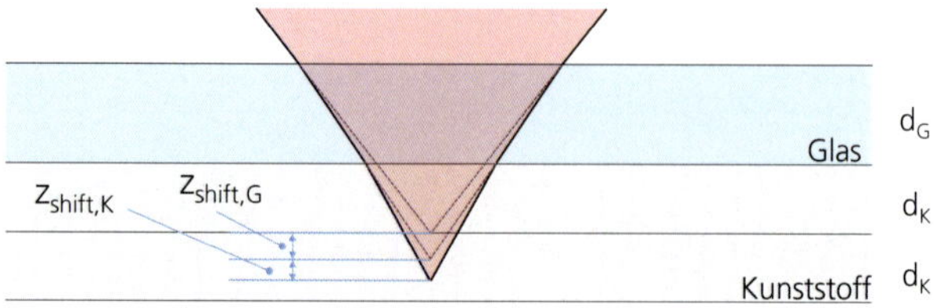

Der Fokusversatz Δz [mm] kann unter Vernachlässigung von Streuungseffekten mittels Trigonometrie berechnet werden. Der Fokusversatz setzt sich aus den Anteilen, welche jeweils durch die Glasplatte ($z_{Shift,G}$ [mm]) und den Kunststoff ($z_{Shift,K}$ [mm]) hervorgerufen werden, zusammen. Der Versatz kann gemäß:

3.5
$$\Delta z = z_{Shift,G} + z_{Shift,K} = \left(\frac{n_K}{n_G} d_G\right) * \left(\frac{n_K}{n_G} - 1\right) + d_K * \left(\frac{n_K}{n_L} - 1\right)$$

mit

3.6
$$z_{Shift,G} = \left(\frac{n_G}{n_L} - 1\right) * (d_G + d_K)$$

und

3.7
$$z_{Shift,K} = \left(\frac{n_K}{n_G} - 1\right) * \left(d_K + z_{Shift,G}\right)$$

berechnet werden, wobei n_G der Brechungsindex in der Glasplatte [-], n_K der Brechungsindex im Kunststoff [-], n_L der Brechungsindex in Luft [-], d_g die Dicke der Glasplatte [mm] und d_K die Dicke des Kunststoffs [mm] sind. Für eine genaue Herleitung des Fokusversatzes sei auf Kap. 8.1 im Anhang verwiesen.

3.1.2 Mathematische Herleitung der Temperaturverteilung und Wärmequelle

Das instationäre Temperaturfeld im Kunststoff kann durch die Fourier'sche Differentialgleichung [4, 5, 22]:

3.8
$$\rho(T) * c_P(T) * \left(\frac{\partial T}{\partial t} + \vec{v} * \nabla T\right) = \nabla * (k * \nabla T) + Q$$

beschrieben werden, wobei ρ für die Dichte [kg/m³], c_P für die Wärmekapazität [J/K], k für die Wärmeleitfähigkeit [W/m*K], Q für die Wärmequelle und T für die Temperatur im Kunststoff [K] stehen. Die durch die Laserstrahlung erzeugte Wärme wird durch die innere Wärmequelle Q angegeben. Der konvektive Wärmestrom wird durch den Term $\nabla * (k * \nabla T)$ beschrieben, der diffusive hingegen durch $\vec{v} * \nabla T$. Wird die Vorschubbewegung des Lasers in die Wärmequelle integriert, kann die Wärmegleichung zu [6]:

3.9
$$\rho(T) * c_P(T) * \left(\frac{\partial T}{\partial t}\right) = \nabla * (k * \nabla T) + Q$$

vereinfacht werden. Die Wärmequelle Q wird durch die absorbierte Laserstrahlintensität während der Propagation durch das Material bestimmt. Im Falle einer vernachlässigbaren Streuung, wie sie in amorphen Kunststoffen vorliegt, kann die Wärmequelle durch folgenden Term [5, 66]:

3.10
$$Q = \alpha * I(x, y, z, t, \alpha)$$

beschrieben werden. Das Intensitätsprofil des im Rahmen der Arbeit verwendeten Faserlasers entspricht einer Gauß-Verteilung. Die Verteilung wird gemäß:

3.11
$$I(r, z) = I_0(z) * e^{-\frac{2r^2}{w(z)^2}}$$

berechnet. Für $I_0(z)$ gilt:

3.12
$$I_0(z) = I_0 * \left(\frac{w_0}{w(z)}\right)^2$$

Der Strahlradius w(z) wird als Abstand zur Strahlachse definiert, an dem die Intensität auf $1/e^2$ (ca. 13,5%) abgefallen ist. Der minimale Strahlradius im Fokus wird durch w_0 beschrieben. Der Verlauf des Strahlradius in Abhängigkeit der z-Koordinate kann durch folgende Gleichung:

3.13
$$w(z) = w_0 * \sqrt{1 + \left(\frac{z}{z_R}\right)^2}$$

beschrieben werden. Die Intensität ist als Leistung pro Fläche definiert. Folglich handelt es sich bei der Laserleistung um das Flächenintegral über die radiale Intensitätsverteilung. Sie wird gemäß:

3.14
$$P_L = \int_{\varphi=0}^{2\pi} \int_{r=0}^{\infty} I(r, z = 0) * r \, dr d\varphi$$

berechnet. Mit Gl. 3.11 kann Gl. 3.14 zu:

3.15
$$P_L = 2\pi \int_{r=0}^{\infty} I_0 * e^{-2\frac{r^2}{w(z)^2}} * r \, dr$$

umgewandelt werden. Gl. 3.15 kann nach I_0:

3.16
$$I_0 = \frac{2 * P_L}{\pi * w_0^2}$$

aufgelöst werden. Für die Implementierung der Wärmequelle ist eine Transformation in kartesische Koordinaten gemäß:

3.17
$$r^2 = x^2 + y^2$$

notwendig. Die räumliche Intensitätsverteilung in kartesischen Koordinaten kann gemäß:

3.18
$$I(x, y, z) = I_0 * \left(\frac{w_0}{w(z)}\right)^2 * e^{\frac{-2*(x^2+y^2)}{w(z)^2}}$$

berechnet werden. Zur Modellierung eines bewegten Laserstrahls wird ferner mit:

3.19
$$(x - v * t)^2 + y^2 = r^2$$

eine Geschwindigkeitskomponente eingefügt. Wird weiterhin die Intensitätsabnahme nach Lambert-Beer (Gl. 2.3, S. 21) berücksichtigt, sowie die Reflexion R an der Grenzfläche zwischen Kunststoff und Glas, kann die Wärmequelle mit:

3.20
$$Q = (1 - R) * \alpha * \frac{2 * P_L}{\pi * w(z)^2} * e^{-\alpha * z - \frac{-2*[(x-v*t)^2+y^2]}{w(z)^2}}$$

berechnet und im Simulationsprogramm implementiert werden.

3.1.3 Betrachtung der volumetrischen Energiedichte zur Abschätzung der Wärmeinflusszone

In der Praxis kann für den Anwender eine thermische Simulation zur Vorhersage der WEZ oftmals zu zeitaufwändig sein. Für eine schnelle Abschätzung der WEZ-Maße kann alternativ eine vereinfachte Berechnung über die volumetrische Energiedichte vorgenommen werden, welche im Folgenden vorgestellt wird. Während des Schweißprozesses erfährt ein Punkt auf der Schweißbahn das gesamte Intensitätsprofil des Laserstrahls. Die volumetrische Energiedichte $\rho(x, y, z)$ [J/cm³], welche im Kunststoff deponiert wird, ergibt sich aus der zeitlichen Integration der Intensitätsverteilung [41]:

3.21 $$\rho(x,y,z) = \alpha * \int I(x,y,z,\alpha)\, dt$$

Wie im vorherigen Kapitel vorgestellt, setzt sich die Intensitätsverteilung aus dem Lambert-Beer'schen Gesetz und der Radiusfunktion des Gaußstrahls zusammen. Hieraus ergibt sich für $I(x,y,z,\alpha)$ [41]:

3.22 $$I(x,y,z,\alpha) = I_0 * \left(\frac{w_0}{w(z)}\right)^2 * e^{\frac{-2*(x^2+y^2)}{w(z)^2}} e^{-\alpha * z}$$

Mit $dt = \frac{dx}{v}$ und Gl. 3.16 kann die volumetrische Energiedichte $\rho(x,y,z)$ bestimmt werden [41]:

3.23 $$\rho(x,y,z) = \frac{\alpha}{v} * \frac{2 * P_L}{\pi * w_0^2} * \left(\frac{w_0}{w(z)}\right)^2 * e^{-\alpha * z} * \int e^{\frac{-2*(x^2+y^2)}{w(z)^2}} dx$$

Mit Gl. 3.1 lässt sich Gl. 3.23 folgendermaßen umformen und lösen [41]:

3.24 $$\rho(y,z) = E_S * \sqrt{\frac{2}{\pi}} * \frac{\alpha}{w(z)} * e^{-\alpha * z} * e^{-2*\left(\frac{y}{w(z)}\right)^2}$$

Eine WEZ entsteht, wenn die volumetrische Energiedichte die zum Aufschmelzen des Kunststoffs notwendige Energiedichte ρ_S überschreitet. Diese beträgt [41]:

3.25 $$\rho_S = c_P * \rho * \Delta T$$

Es sei darauf hingewiesen, dass es sich bei dieser Vorgehensweise um eine starke Vereinfachung handelt, da z.B. die Dichte und spezifische Wärmekapazität als temperaturunabhängig angenommen und diffusive Wärmeströme vernachlässigt werden. Des Weiteren kann lediglich der Energieeintrag in amorphen Kunststoffen abgeschätzt werden, da in teilkristallinen Kunststoffen die Intensitätsverteilung durch Streueffekte verändert wird. Die größte Ausdehnung der WEZ-Höhe tritt bei y = 0 auf. Hierdurch vereinfacht sich Gl. 3.24 zu:

3.26 $$\rho(y=0,z) = E_S * \sqrt{\frac{2}{\pi}} * \frac{\alpha}{w(z)} * e^{-\alpha * z}$$

Die größte Ausdehnung der WEZ-Breite tritt hingegen bei z = 0 auf. Hierdurch ergibt sich:

3.27 $$\rho(y,z=0) = E_S * \sqrt{\frac{2}{\pi}} * \frac{\alpha}{w_0} * e^{-\alpha * z} * e^{-2*\left(\frac{y}{w_0}\right)^2}$$

Ein beispielhafter Verlauf der volumetrischen Energiedichte für die Abschätzung der WEZ-Höhe ist in Bild 24 dargestellt.

Bild 24: Beispielhafter Verlauf der volumetrischen Energiedichte $\rho(y=0, z)$. Für die Abschätzung der WEZ-Höhe gilt $\rho(y=0, z) > \rho_S$.

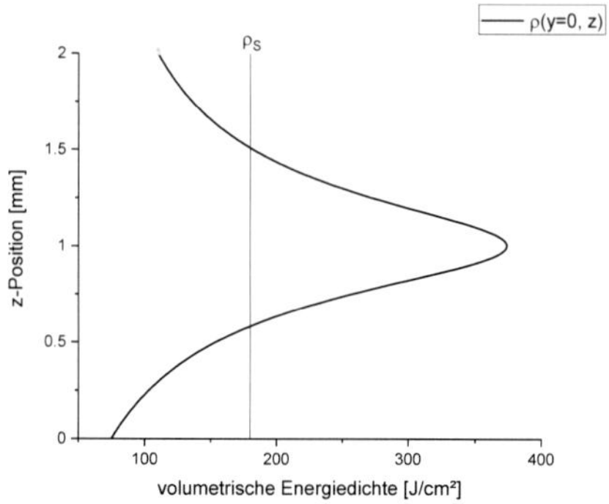

3.1.4 Ermittlung der Materialeigenschaften und Randbedingungen

Im Folgenden werden die notwendigen Daten für die thermische Simulation vorgestellt.

Optische Eigenschaften

Die Reflexion R [%] und Transmission T_R [%] des PC werden mit Hilfe eines UV-VIS-NIR Spektrometers vom Typ Lambda 150 der Firma Perkin Elmer Inc., Waltham, Massachusetts im Wellenlängenbereich $\lambda = 400 - 2500$ nm ermittelt. Die Absorption A [%] wird hingegen mittels des Energieerhaltungssatzes:

3.28
$$A = 1 - R - T_R$$

berechnet.

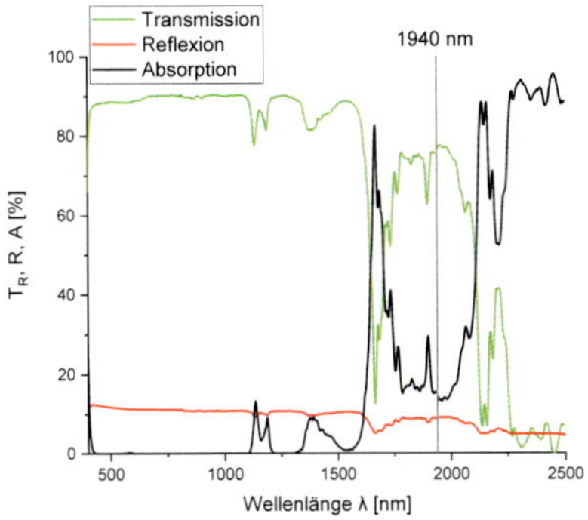

Bild 25: Das Transmissions-, Reflexions- und Absorptionsspektrum von PC für eine Dicke von 2 mm.

Die optischen Eigenschaften des PC sind in Bild 25 dargestellt. In einem Wellenlängenbereich λ = 400 – 1000 nm beträgt die Transmission T_R ca. 90%. Die Reflexion R beträgt ca. 10%, weshalb in diesem Bereich keine nennenswerte Strahlung absorbiert wird. Unbehandeltes PC lässt sich folglich nicht aufschmelzen, wenn eine Strahlquelle mit einer Bearbeitungswellenlänge in ebendiesem Bereich verwendet wird. Ab einer Wellenlänge von λ = 1000 nm nimmt die Reflexion R annähernd linear ab auf bis zu 5% bei λ = 2500 nm. Die Absorptionskurve weist hingegen Peaks auf wie z.B. bei λ = 1134 nm (5,7%), λ = 1186 nm (3,2%), λ = 1382 nm (3,1%) und λ = 1668 nm (60%), welche auf Ober- und Kombinationsschwingungen von funktionellen Gruppen wie z.B. Methylen-Gruppen zurückzuführen sind. Die Transmission T_R nimmt hingegen mit steigender Wellenlänge ab. Im Bereich der Absorptionspeaks weist die Transmission ein lokales Minimum auf. Ab einer Wellenlänge von λ > 2250 nm ist der Absorptionsgrad A > 50%, eine Verschweißung ist ggfs. nicht mehr möglich, da die Strahlung überwiegend oberflächennah absorbiert wird. Für das absorberfreie LDS bieten sich somit lediglich Bearbeitungswellenlängen im Bereich λ = 1600 – 2100 nm an. Das Transmissionsverhalten spielt bei den Temperaturmessungen eine wichtige Rolle, diese werden in Kapitel 5 näher behandelt. Der im Rahmen dieser Arbeit verwendete Thulium Faserlaser emittiert Strahlung bei λ = 1940 nm. Die Transmission des PC beträgt hierbei T_R = 76,5%, die Reflexion R = 8% und die Absorption A = 15,5%. Für die Modellierung der Intensitätsabnahme nach Lambert-Beer muss der Absorptionskoeffizient **α [1/mm]** berechnet werden. Dieser kann über folgende Formel bestimmt werden:

3.29

$$\alpha(z) = \ln\left(\frac{I(z)}{I_0}\right) * z^{-1} = -\ln\left(\frac{\frac{T_R(z)}{100\%}}{1-\left(\frac{R(z)}{100\%}\right)}\right) * z^{-1}$$

Hieraus ergibt sich ein Absorptionskoeffizient von $\alpha = 0{,}103$/mm. Die optischen Eigenschaften der Glasplatte sind in Bild 26 dargestellt. Die Transmission beträgt T = 85%, die Reflexion R = 9% und die Absorption A = 6% bei einer Wellenlänge von λ = 1940 nm.

Bild 26: Das Transmissions-, Reflexions- und Absorptions-spektrum der Glasplatte.

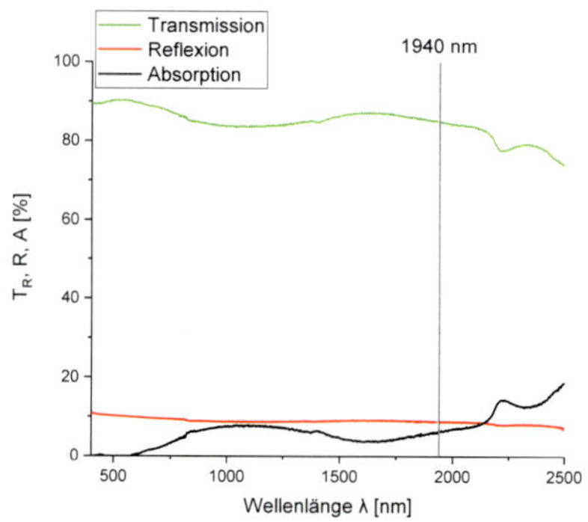

Im Rahmen der Modellbildung werden einige Vereinfachungen getroffen, sodass eine Abweichung von den realen Experimenten zu erwarten ist. Aufgrund der geringen Absorption der Laserstrahlung in der Glasplatte wird diese im Simulationsmodell vernachlässigt, während die Grenzflächenreflexion berücksichtigt wird. Das Aluminium wird, ähnlich zu einem Spiegel, als eine ideal glatte Oberfläche angenommen. Der rückreflektierte Laserstrahl weist dieselben Eigenschaften wie der auftreffende Laserstrahl auf, sodass sich der Strahlquerschnitt weiter verbreitert mit steigender Propagationsrichtung. In der Realität sind auf der Oberfläche des Aluminiums Rauigkeiten vorhanden, sodass von einer diffusen Reflexion auszugehen ist. Der Kunststoff wird somit in einem breiten Materialvolumen erwärmt. Ferner treten in der Realität Mehrfachreflexionen im Kunststoff auf. Die Mehrfachreflexionen üben jedoch keinen signifikanten Einfluss auf das Temperaturverhalten aus, weshalb sie ebenfalls nicht berücksichtigt werden.

Brechungsindex

Mit steigender Wellenlänge λ nimmt der Brechungsindex ab. Weiterhin wird der Brechungsindex von der Materialtemperatur bestimmt, im Rahmen der vorliegenden Arbeit wird er vereinfachend als konstant angenommen. [67] Die Lichtbrechung bewirkt einen Fokuslagenversatz in Richtung des unteren Fügepartners [5]. Mathematisch kann der Brechungsindex über die Grenzflächenreflexion R_0 [%] nach Fresnel:

3.30
$$R_0 = \frac{(n_1 - n_2)^2}{(n_1 + n_2)^2}$$

bestimmt werden. Voraussetzung hierfür ist die Annahme eines senkrechten und unpolarisierten Einfallsstrahls [16]. Für PC wird ein Brechungsindex von n_{PC} = 1,543 bei einer Wellenlänge von λ = 1940 nm ermittelt. Das Andruckglas weist einen Wert von n_{Glas} = 1,547 auf.

Stoffeigenschaften

Zur Lösung der Wärmeleitungsgleichung werden ferner die Dichte ρ, die Wärmekapazität c_P und die Wärmeleitfähigkeit k benötigt. Diese sind teilweise von der Materialtemperatur abhängig und werden der Literatur entnommen [5]. Für weitere Informationen sei auf Kapitel 8.3 im Anhang verwiesen.

Erstellung des Prozessmodells

Die Simulation wird mittels der FEM Software Comsol Multiphysics® (Comsol Inc., Stockholm, Schweden) durchgeführt. Die Probe hat eine Dicke von 2 mm, während die Glas- und Aluminiumplatte jeweils eine Dicke von 1 mm haben. Aufgrund der Achsensymmetrie der Temperaturverteilung wird die Hälfte der Probe modelliert, um die Rechenzeit zu verkürzen. Die Strahleigenschaften des im Rahmen dieser Arbeit verwendeten Versuchsaufbaus werden mit dem Strahldiagnosesystem Focus Monitor (Primes AG, Pfungstadt, Deutschland) gemessen und implementiert. Für nähere Informationen zu den Strahleigenschaften sei auf den Versuchsaufbau in Kapitel 4.1 verwiesen. Die Nahtlänge beträgt 16 mm. Die WEZ wird als der Bereich im Material definiert, in dem die Glastemperatur (T_G= 148°C) überschritten wird. Die folgende Abbildung (s. Bild 27) zeigt den modellierten Bereich.

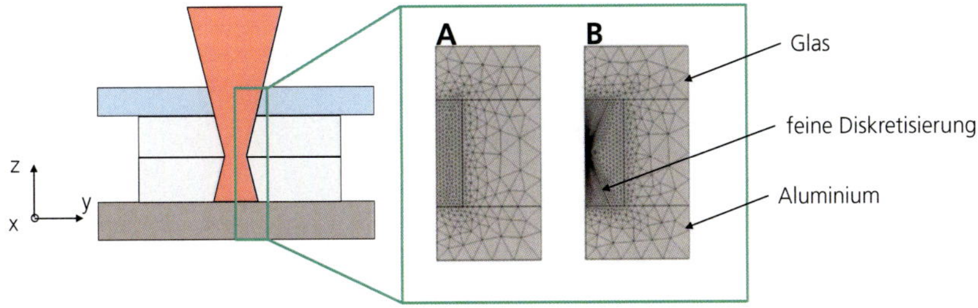

Bild 27: Der modellierte Bereich beim QS (A) und KS (B). Im Bereich der Laserstrahlung wird eine feine Netzgeometrie ausgewählt.

Als Netzgeometrie (Mesh) wird ein Tetraeder ausgewählt. Im direkten Bereich der auftreffenden Laserstrahlung wird eine feine Diskretisierung der

Netzgeometrie vorgenommen, da in diesem Bereich ein großer Temperaturgradient erwartet wird. Der Laserstrahl wird entlang der x-Achse bewegt.

3.1.5 Bestimmung der Wärmequelle unter Berücksichtigung von Streueffekten in teilkristallinen Kunststoffen

Im Gegensatz zu amorphen Kunststoffen finden in teilkristallinen Kunststoffen Streueffekte beim LDS statt. Diese werden durch Überstrukturen wie z.B. Sphärolithe hervorgerufen. Die Sphärolithe sind wiederum von amorphen Zwischenbereichen umgeben. Die unterschiedlichen Dichten zwischen den kristallinen und amorphen Bereichen führen zu unterschiedlichen Brechungsindexen. Somit kommt es bei der Propagation der Laserstrahlung zu mehreren Reflexions- und Brechungsvorgängen. [30] Die Streueffekte werden durch die Größe, Konzentration und räumliche Verteilung der Streuzentren beeinflusst. Dies führt dazu, dass der Laserstrahl beim Auftreffen auf das Material aufgeweitet wird. Neben Kristallstrukturen können auch Fasern und Pigmente eine Lichtstreuung bewirken. Des Weiteren verlängert sich der optische Weg im Kunststoff. Die Effekte steigen mit zunehmender Materialdicke. Eine pauschale Abschätzung des Streuvermögens eines Kunststoffes ist oftmals nicht möglich, da auch die vorgelagerten Herstellbedingungen (z.B. Spritzguss oder Extrusion) einen signifikanten Einfluss auf das Materialgefüge ausüben. [5] Beispielsweise nimmt die Sphärolithgröße mit sinkender Abkühlgeschwindigkeit zu, mit steigender Abkühlgeschwindigkeit nimmt sie hingegen ab [67]. Dies kann dazu führen, dass die Kristallstruktur auch innerhalb des Bauteilquerschnitts variiert [4, 68]. Die o.g. Phänomene beeinflussen die Temperaturverteilung im teilkristallinen Kunststoff signifikant, weshalb sie bei einer thermischen Simulation berücksichtigt werden müssen [69].

Für die Bestimmung des Streuverhaltens existieren verschiedene Ansätze. Die Streuung kann beispielsweise erfasst werden, in dem das Strahlprofil vor und nach dem Durchdringen des Kunststoffes mit Hilfe geeigneter Kamerasensoren erfasst wird. Als Kunststoffprobe wird lediglich der obere transparente Fügepartner verwendet. Um eine Beschädigung des Sensors zu vermeiden, wird des Weiteren der Laserstrahl durch Neutraldichtefilter abgeschwächt. Anhand der Strahlaufweitung kann das Intensitätsprofil der Laserstrahlung gemessen und in das Simulationsmodell integriert werden. [4, 30, 68, 70] Nachteilig ist bei diesem Verfahren der hohe experimentelle Aufwand sowie die Gefahr einer Beschädigung des Sensors [70]. Beim absorberfreien LDS wird hingegen ein Teil der Laserstrahlung vom oberen Fügepartner absorbiert. Dies führt zu einer Aufschmelzung des Kunststoffes, was wiederum das Streuverhalten beeinflusst und die Messergebnisse verfälschen kann.

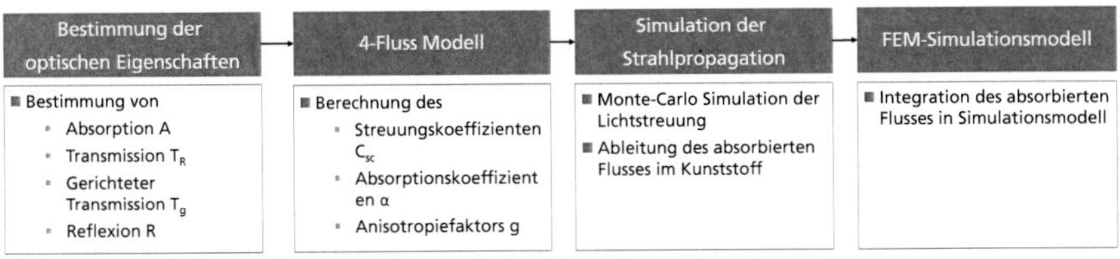

Bild 28: Vorgehensweise zur Simulation des Schweißprozesses in teilkristallinen Kunststoffen.

Aus diesem Grund wird im Rahmen dieser Arbeit ein simulativer Ansatz mit Hilfe des Vier-Fluss-Modells zur Bestimmung des Streuverhaltens gewählt. Für tiefergehende Informationen zum Vier-Fluss-Modell sei auf Arbeiten von Aden hingewiesen. [71–73] Der Ablauf zur Bestimmung des Streuverhaltens und der Wärmequelle ist in Bild 28 dargestellt.

Die Strahlpropagation in einem streuenden Material kann durch den Streukoeffizienten C_{SC}, den Absorptionskoeffizienten α und den Anisotropiefaktor g bestimmt werden. Der Anisotropiefaktor nimmt einen Wert zwischen -1 und 1 ein und ist ein Maß für die Streurichtung des Lichts. Im Falle $g > 0$ wird das Licht hauptsächlich vorwärts gestreut, für $g < 0$ hingegen rückwärts. Für $g = 0$ handelt es sich um ein isotropisch streuendes Material. Die o.g. Werte werden mit Hilfe des Vier-Fluss-Modells bestimmt. Hierfür werden zuerst die Transmission T_R, die gerichtete Transmission T_g und die Reflexion R bestimmt. Im Gegensatz zur Transmission wird bei der gerichteten Transmission nur der nicht gestreute Anteil erfasst. Die Ergebnisse der spektroskopischen Messungen können dem Anhang entnommen werden (Kap.8.2). Die gemessenen und berechneten Kennzahlen für PP sind in der folgenden Tabelle zusammengefasst.

Tabelle 1: Die berechneten und gemessenen Kennzahlen von PP bei $\lambda = 1940$ nm.

Optische Eigenschaften ($\lambda = 1940$ nm)		Berechnete Werte	
Transmission T_R [%]	68,89	Streukoeffizient C_s [mm^{-1}]	0,39
Reflexion R [%]	6,71	Absorptionskoeffizient α [mm^{-1}]	0,24
Gerichtete Transmission T_g [%]	48,93	Anisotropiefaktor g [-]	0,63

Nach der Bestimmung der optischen Eigenschaften und der Koeffizienten kann das Streuverhalten mittels der Software OpticsStudio® der Firma ZEMAX LLC, Kirkland, Washington simuliert werden. Die Lichtstreuung im Material wird mittels Monte-Carlo Simulation mit 10^8 Strahlen simuliert [73, 74]. Durch die hohe Anzahl an Strahlen können Abweichungen in der Strahlpropagation verringert werden. Die transmittierten Strahlen werden von einem Detektor erfasst und es wird der absorbierte Fluss pro Volumen berechnet. Hierdurch kann die Wärmequelle Q im Kunststoff berechnet und in die Fourier'sche Differentialgleichung integriert werden.

3.2 Energiedeposition und Temperaturverteilung beim Quasisimultanschweißen

Im Folgenden wird der Intensitätsverlauf während des Schweißprozesses betrachtet (s. Bild 29). Der Fokus befindet sich in der Position z = 0 mm, der Fokusradius beträgt w_0 = 58 µm bei einer Rayleighlänge von z_R = 1,97 mm. Es handelt sich hierbei um die Strahleigenschaften des Versuchsaufbaus, welcher im experimentellen Teil dieser Arbeit verwendet wird (s. Kapitel 4.1). Die Rayleighlänge entspricht somit nahezu der gesamten Materialdicke beider Fügepartner. Die höchste Intensität I wird auf der Oberfläche des oberen Fügepartners erreicht und beträgt I = $1{,}04 \cdot 10^4$ W/cm² (s. Bild 29 links). Die Isophoten, welche anhand der weißen Linien dargestellt sind, besitzen eine keilförmige Form und dringen in den Kunststoff ein. Aufgrund des hohen Transmissionsgrads des PC bei λ = 1940 nm (T_R = 76,5%) wird ein großer Teil der einfallenden Laserstrahlung durch das Aluminium zurückreflektiert. Der reflektierte Anteil durchdringt ebenfalls den Kunststoff und bewirkt eine Erwärmung des Materials (s. Bild 29 rechts). Die höchste reflektierte Intensität befindet sich auf der Unterseite des unteren Fügepartners mit einem Wert von I = $4{,}76 \cdot 10^3$ W/cm².

Bild 29: Vollständiger Intensitätsverteilung in Strahlpropagationsrichtung (links) und reflektierte Strahlintensität (rechts).

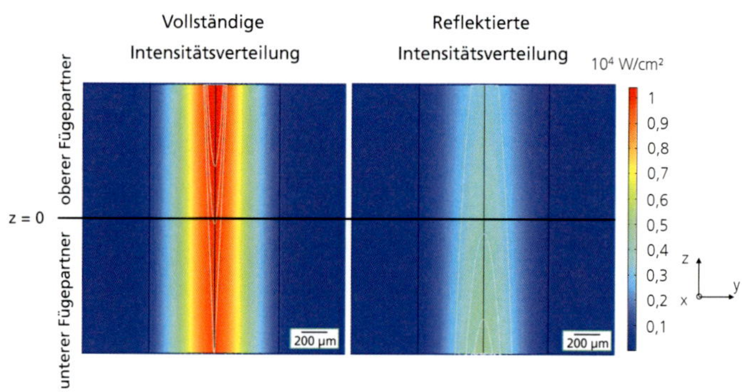

Die vorgestellten Ergebnisse decken sich mit den bisherigen Erkenntnissen zum absorberfreien LDS (s. Kapitel 2.3.3). Bei einer Überfahrt reicht die schwache Fokussierung nicht aus, um die Strahlungsenergie gezielt in der Fügezone zu deponieren. Der Grund ist die hohe Rayleighlänge von z_R = 1,96 mm, welche fast der Gesamtdicke beider Fügepartner entspricht. Hierdurch dominiert die Intensitätsabnahme nach Lambert-Beer, sodass sich die höchste Intensität auf der Oberfläche des oberen Fügepartners befindet. Auch ist davon auszugehen, dass sich das Temperaturmaximum im oberen Fügepartner und nicht in der Fügezone befindet. Als Konsequenz entsteht unter den o.g. Strahleigenschaften bei einer Überfahrt eine WEZ, welche sich über den gesamten Bauteilquerschnitt erstreckt.

Der zeitliche Temperaturverlauf in der Fügezone ist in Bild 30 für eine konstante Streckenenergie und Leistung von E_S = 2,5 J/mm bzw. P_L = 22,5 W dargestellt. Die Scangeschwindigkeit v_{Scan} und die Anzahl an Überfahrten n werden hingegen erhöht. Es wurde angenommen, dass für eine Verschweißung von PC die Glasübergangstemperatur T_G überschritten werden muss. Der Grund hierfür ist, dass sich der Kunststoff oberhalb dieses Bereichs im zähflüssigen Zustand befindet.

Bild 30: Zeitlicher Temperaturverlauf in der Fügezone in PC beim QS. E_S = 2,5 J/mm, P_L = 22,5 W, n = 1 – 150, v_{Scan} = 9 – 1350 mm/s.

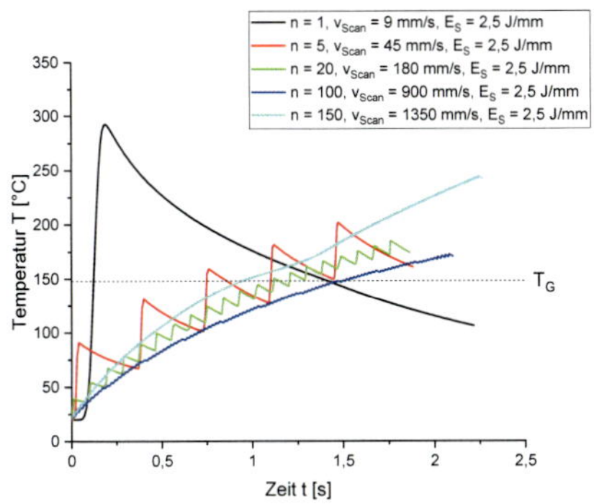

Der Schweißprozess unterteilt sich in eine Aufheizphase t_i und eine Abkühlphase t_c. Es ist erkennbar, dass bei einer Überfahrt (n=1) eine schlagartige Erwärmung des Kunststoffs stattfindet. Die Glasübergangstemperatur T_G wird innerhalb von t = 0,13 s überschritten. Am Ende der Aufheizphase mit t_i = 0,2 s wird eine Materialtemperatur von T = 292,5°C erreicht. Im Anschluss folgt eine Abkühlphase, wobei nach t = 1,4 s die Glasübergangstemperatur T_G wieder unterschritten wird. Im Gegensatz zum KS wird die Strahlungsenergie beim QS sukzessive im Kunststoff deponiert. Mit einer höheren Anzahl an Überfahrten n und Scangeschwindigkeit v_{Scan} werden sowohl t_i als auch t_c verkürzt. Ab n = 100 wird die Glasübergangstemperatur T_G nach t = 1,5 s erreicht. Aufgrund der hohen Scangeschwindigkeiten v_{Scan} findet während der Aufheizphase ein durchschnittlicher Temperaturanstieg von 2,45°C im PC statt, während die Materialtemperatur in der Abkühlphase um ca. 0,3°C sinkt. Somit kann die

Abkühlphase vernachlässigt werden, sodass $t_c \approx 0$ gilt. Hierdurch findet eine nahezu simultane Bestrahlung des Kunststoffes statt, was sich ebenfalls in der Péclet-Zahl widerspiegelt.

Die Gesamtwechselwirkungszeit zwischen Kunststoff und Laserstrahlung wird beim QS gemäß:

3.31
$$t_{w,Gesamt} = \frac{L}{v_{Scan}} * n = \frac{16\,mm}{1350\,\frac{mm}{s}} * 150 = 1{,}77\,s$$

berechnet, wobei $t_{w,Gesamt}$ die Gesamtwechselwirkungszeit [s] und L die Konturlänge [mm] sind. Wird $t_{w,Gesamt}$ aus Gleichung 3.24 mit t_w aus Gleichung 3.3 gleichgesetzt, kann die äquivalente Vorschubgeschwindigkeit v* [mm/s] für eine Überfahrt mit:

3.32
$$v^* = \frac{2 * w * v_{Scan}}{L * n} = \frac{2 * 0{,}058\,mm}{1{,}77\,s} = 0{,}066\,\frac{mm}{s}$$

bestimmt werden. Folgende Péclet-Zahl:

3.33
$$Pé_{QS} = \frac{v^* * 2 * d_K}{a} = \frac{0{,}066\frac{mm}{s} * 4\,mm}{0{,}12\frac{mm^2}{s}} = 2{,}2$$

ergibt sich somit beim QS, während beim KS mit gleicher Streckenenergie (E_S = 2,5 J/mm, v_{scan} = 9 mm/s, n = 1) die Péclet-Zahl:

3.34
$$Pé_{KS} = \frac{v^* * 2 * d_K}{a} = \frac{9\,\frac{mm}{s} * 4\,mm}{0{,}12\,\frac{mm^2}{s}} = 300$$

beträgt. Die Péclet-Zahlen zeigen, dass beim QS der diffusive Wärmestrom dominiert. Beim KS hingegen überwiegt der konvektive Wärmestrom. Die Ergebnisse zeigen, dass die Péclet-Zahl eine einfache und schnelle Bewertung der Wärmetransportprozesse ermöglicht. Eine Gegenüberstellung der unterschiedlichen Wärmetransportprozesse kann Bild 1 (siehe Seite 3) entnommen werden. Bei der Festlegung der Schweißparameter kann somit schon im Vorhinein abgeschätzt werden, welche Wärmeeffekte dominieren werden.

Bild 31 zeigt den Temperaturverlauf in Strahlpropagationsrichtung sowie orthogonal zur Scanrichtung. Analog zu Bild 30 wird der Schweißprozess für n = 1, 5, 20, 100 und 150 Überfahrten simuliert. Die Streckenenergie und Laserleistung betragen E_S = 2,5 J/mm bzw. P_L = 22,5 W und werden konstant gehalten. Im Simulationsmodell wird das Koordinatensystem so definiert, dass sich der Nullpunkt der z-Achse auf der Aluminiumauflage befindet. Der Fokus befindet sich bei z = 0 und die Probendicken betragen jeweils für den oberen und unteren Fügepartner 1 mm.

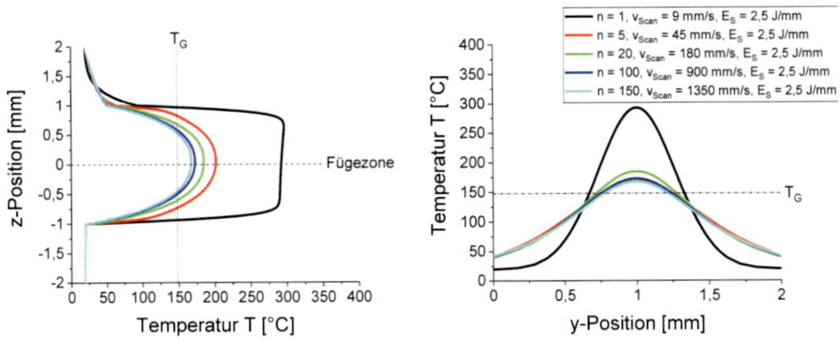

Bild 31: Temperaturverlauf in z- und y-Richtung in PC für unterschiedliche Anzahl an Überfahrten. $E_S = 2{,}5$ J/mm, $P_L = 22{,}5$ W, n = 1 – 150, $v_{Scan} = 9$ – 1350 mm/s.

Wie schon Bild 30 entnommen werden konnte, wird für n = 1 die höchste Materialtemperatur erzielt. Das Temperaturmaximum in Höhe von $T_{Max} = 296$ °C befindet sich nicht in der Fügezone, sondern knapp unterhalb des Andruckglases. Dies liegt zum einen daran, dass die Strahlintensität I auf der Oberfläche des oberen Fügepartners am höchsten ist. Zum anderen ist die Wärmeleitfähigkeit des Glases niedriger als die des Aluminiums. Ausgehend von dem Temperaturmaximum T_{Max} sinkt die Temperatur entlang der Strahlpropagationsrichtung. In der Nähe des Aluminiums und des Andruckglases kann ein starker Abfall der Temperatur beobachtet werden. Während beim Aluminium aufgrund der hohen Wärmeleitfähigkeit keine nennenswerte Erwärmung vorliegt, wird das Andruckglas bis auf T = 92°C erwärmt. Ferner ist erkennbar, dass sich die WEZ fast entlang des gesamten Querschnitts erstreckt. Mit steigender Anzahl an Überfahrten n findet eine Reduktion der WEZ in vertikaler Richtung statt. Des Weiteren nimmt T_{Max} im Bauteil ab und sie verschiebt sich in Richtung Fügezone. Außerdem ist erkennbar, dass die WEZ in Richtung des oberen Fügepartners verschoben ist. Ein möglicher Grund ist die verglichen mit dem Aluminium niedrigere Wärmeleitfähigkeit des Andruckglases.

Auch bei der horizontalen Temperaturverteilung wird für n = 1 die höchste Temperatur im Kunststoff erzielt. Es ist erkennbar, dass der Temperaturgradient deutlich größer ist als bei allen anderen Parametern. Auch wird die höchste WEZ-Breite erzielt wird. Es wird ebenfalls eine Reduktion der WEZ-Breite mit höherer Anzahl an Überfahrten erzielt. Diese fällt jedoch geringer aus als bei der WEZ-Höhe. Der Grund hierfür ist, dass die Wärme in der Fügezone nicht über die Außenflächen abgeleitet wird. Stattdessen fließt die Wärme in das umliegende Material ab, wodurch es auch hier zu einer Erwärmung kommt. Beim KS wird hingegen das umliegende Material nur geringfügig erwärmt. Die quasisimultane Erwärmung bewirkt eine Erhöhung der Wechselwirkungszeit zwischen Laserstrahlung und Material. Die Péclet Zahl nimmt im Vergleich zum KS ab, sodass der diffusive Energiefluss an Bedeutung gewinnt und ein ausgedehntes Temperaturfeld vorliegt.

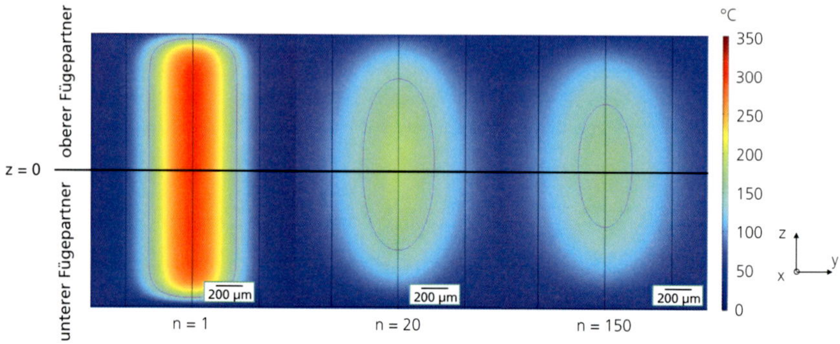

Bild 32: Temperaturverteilung beim QS für unterschiedliche Anzahl an Überfahrten (E_S = 2,5 J/mm, P_L = 22,5 W).

Die Temperaturverteilungen für n = 1, 20 und 150 sind in Bild 32 dargestellt. Bei n = 1 nimmt die WEZ eine zylindrische Form an und erstreckt sich über den gesamten Materialquerschnitt. Durch die Reduktion der WEZ-Höhe bei höheren Überfahrten nimmt die WEZ eine elliptische Form an. Wie schon Bild 31 entnommen werden konnte, nimmt die Reduktion der WEZ-Geometrie mit höherer Anzahl an Überfahrten zu.

Bild 33: Entwicklung des Temperaturverlaufs bei P_L = 22,5 W, v_{Scan} = 450 mm/s und n = 50. Die Temperaturkurven zeigen den Temperaturverlauf nach unterschiedlichen Überfahrten.

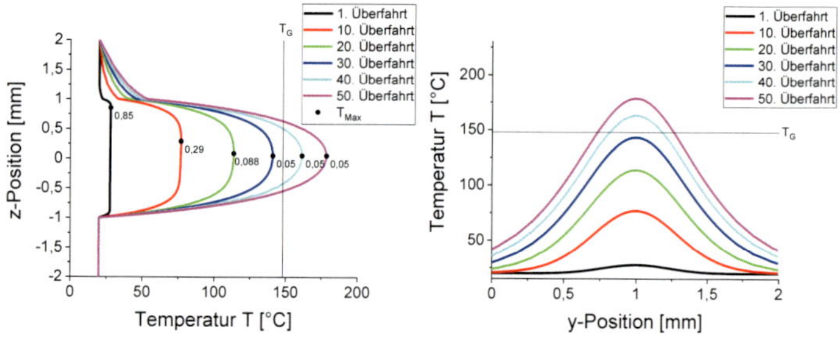

Bild 33 zeigt die Entwicklung des Temperaturverlaufs während des Schweißprozesses für einen Parametersatz nach unterschiedlichen Überfahrten. Nach n = 1 findet eine geringfügige, jedoch auch gleichmäßige Erwärmung entlang der Strahlpropagationsrichtung statt. Der Temperaturverlauf unterscheidet sich nach der ersten Überfahrt grundlegend von den weiteren

Überfahrten (s. Bild 33, links). Aufgrund der sukzessiven Energiedeposition im Material und Wärmeabfuhr an den Außenflächen nimmt die Temperatur mit weiteren Überfahrten im Materialinneren schneller zu als an den Außenflächen. Ferner ist ein höherer Temperaturgradient mit weiteren Überfahrten erkennbar. Ab der 40. Überfahrt wird mit Überschreiten von T_G eine WEZ gebildet. Das Temperaturmaximum T_{Max} verschiebt sich ausgehend von z = 0,85 mm bei n = 1 in Richtung Fügezone bis hin zu z = 0,05 mm bei n = 30. Oberhalb der 30. Überfahrt kann keine weitere Verschiebung von T_{Max} beobachtet werden. In horizontaler Richtung (Bild 33, rechts) ist erkennbar, dass auch hier die Temperaturverteilung mit jeder Überfahrt ansteigt. Anders als bei der vertikalen Temperaturverteilung liegt eine symmetrische Temperaturverteilung vor.

3.3 Energiedeposition und Temperaturverteilung beim Konturschweißen

Im Folgenden werden die Intensitäts- und Temperaturverteilungen beim KS näher betrachtet. In Bild 34 ist erkennbar, dass die Intensität in z-Richtung auf der Oberfläche des oberen Fügepartners deutlich geringer ist als beim QS. Erst 0,5 mm oberhalb der Fügezone kommt es zu einem starken Anstieg der Intensitätsverteilung, wobei das absorbierte Intensitätsmaximum knapp über dem Strahlfokus liegt. Anders als beim QS überwiegt die Intensitätszunahme durch die Strahlfokussierung die Intensitätsabnahme durch die Absorption. Ferner ist erkennbar, dass die Glasübergangstemperatur in einem Bereich von 0,5 mm ober- und unterhalb des Strahlfokus überschritten wird. In y-Richtung ist ein starker Anstieg der Temperatur im Bereich des Strahlfokus zu verzeichnen. Es fällt auf, dass laut Simulationsmodell die Zersetzungstemperatur des PC (T_Z = 280°C [75]) überschritten wird. Dieses Phänomen wurde in verschiedenen Arbeiten sowohl im Bereich LDS [4–6] als auch beim SLS [76, 77] thematisiert und ist bis zum heutigen Zeitpunkt nicht vollständig geklärt.

Bild 34: Temperatur- und Intensitätsverlauf in Strahlpropagationsrichtung beim KS. P_L = 2,22 W, v = 4 mm/s.

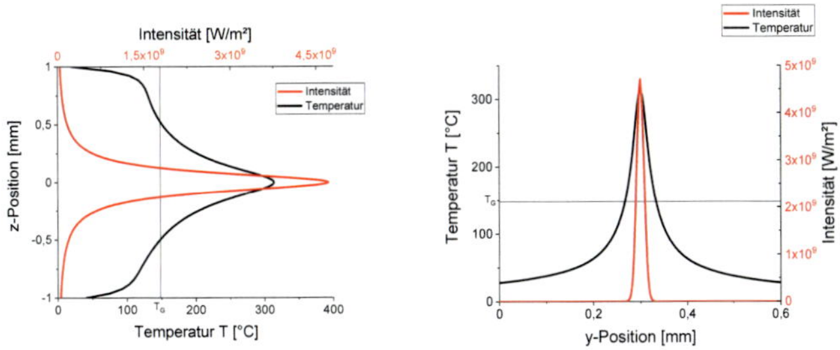

Die Temperaturverteilung für verschiedene Vorschubgeschwindigkeiten ist in Bild 35 zusammengefasst. Des Weiteren findet aufgrund der fehlenden Wärmakkumulation eine geringere Erwärmung es umliegenden Materials statt.

Bei v = 2 mm/s ist erkennbar, dass die Temperatur im Fokus mit T_{Max} = 400 °C deutlich über der Zersetzungstemperatur T_Z liegt.

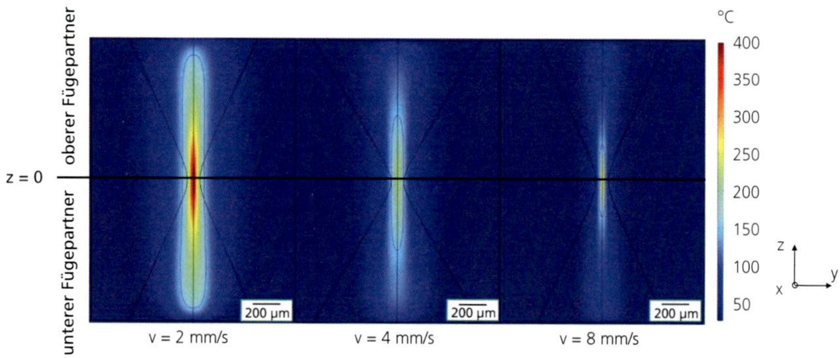

Bild 35: Temperaturverteilung beim KS für unterschiedliche Vorschubgeschwindigkeiten (P_L = 2,22 W, v = 2, 4, 8 mm/s).

Laut Boglea existiert ein Zusammenhang zwischen der Zersetzungstemperatur eines Kunststoffs und der Aufheizgeschwindigkeit, wobei die Ursachen für diese Beobachtung nach derzeitigem Stand noch unbekannt sind. Die Zersetzungstemperatur T_Z kann z.B. mittels einer Differential-Scanning-Calorimetry (DSC) oder einer Thermogravimetrischen Analyse (TGA) bestimmt werden. Bei der TGA Messung wird die Gewichtsänderung der Probe in Abhängigkeit der Temperatur und Zeit gemessen. Der Probenraum ist beheizbar und wird mit Gasen (z.B. Stickstoff) durchgespült, während eine Gewichtsänderung über eine Waage bestimmt wird. Es konnte in der Vergangenheit gezeigt werden, dass sich die Zersetzungstemperatur mit höheren Aufheizraten in Richtung höherer Temperaturen verschiebt (s. Bild 36). [6, 78]

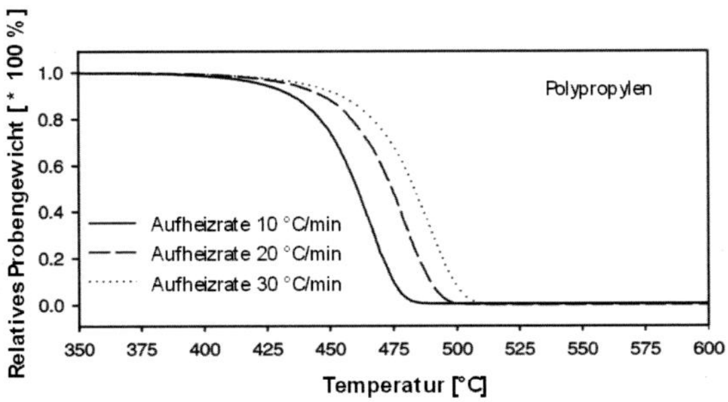

Bild 36: Änderung der Zersetzungstemperatur in PP mit höheren Aufheizgeschwindigkeiten. Bild modifiziert nach [78].

Beim LDS werden hingegen deutlich höhere Aufheizraten als bei DSC und TGA Messungen erzielt (s. Bild 37). Während der Überfahrt der Laserstrahlung kommt es zu einer schlagartigen Erwärmung des Kunststoffs. Beim untersuchten Szenario wird der Kunststoff innerhalb von t = 0,12 s auf T_{Max} = 324 °C erwärmt, was einer Aufheizrate von 152.000 °C/min entspricht: Die Ergebnisse deuten somit darauf hin, dass die Zersetzungstemperatur beim LDS deutlich höher liegt.

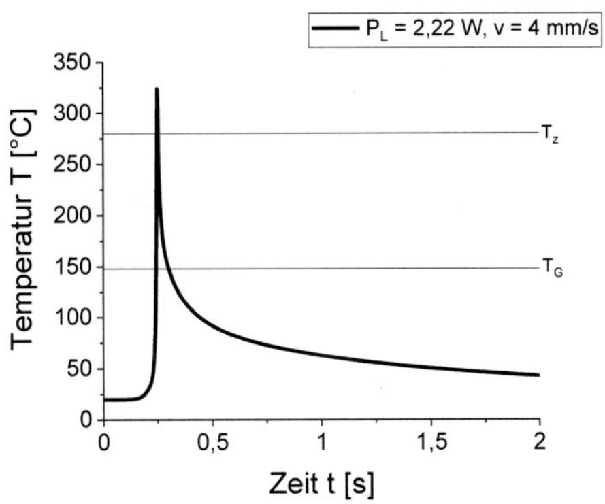

Bild 37: Zeitlicher Temperaturverlauf beim KS.

Einen weiteren Erklärungsansatz liefert Kennish, in dem die Zersetzungstemperatur innerhalb einer bestimmten Verweilzeit $t_{Verweilzeit}$ [s] überschritten werden kann, wobei sie mit steigender Temperatur exponentiell abnimmt. [79] Mathematisch kann diese Beobachtung durch die Arrhenius-Gleichung.

3.35
$$t_{Verweilzeit} \sim e^{\left(\frac{A_E}{R_G * T_K}\right)}$$

beschrieben werden, wobei R_G [kg*m²/s²*mol*K] die Gaskonstante und A_E [J/mol] die Aktivierungsenergie ist. Hierdurch tritt mit Überschreitung der Zersetzungstemperatur eine Zersetzung in Abhängigkeit der Dauer und Höhe der Temperaturbelastung auf. [67] Übertragen auf das LDS bedeutet dies, dass die Verweilzeit einen Teil der Wechselwirkungszeit zwischen Laserstrahlung und Kunststoff bildet. Bestimmt wird die Verweilzeit durch den Spotdurchmesser und die Vorschubgeschwindigkeit. Die chemisch-physikalischen Ursachen für diese Beobachtungen sind nach derzeitigem Stand noch unbekannt.

In anderen laserbasierten Fertigungsverfahren, wie z.B. dem SLS, werden ebenfalls ähnliche Aufheizraten wie beim LDS erreicht. Aus diesem Grund wurde von Lanzl el al. ein Laser-High-Speed-DSC Verfahren entwickelt. Hierbei wurde pulverförmiges PA12 mit einem CO_2-Laser bestrahlt und die resultierenden Aufheizraten und Materialtemperaturen wurden messtechnisch erfasst. Bei Pulsdauern von 9 ms konnten Materialtemperaturen von bis zu 70 °C oberhalb der Zersetzungstemperatur gemessen werden. [76]. Es existieren jedoch Unterschiede zum LDS, weshalb eine Übertragung der vorgestellten Ergebnisse nicht ohne weiteres möglich ist. Der Grund hierfür ist, dass beim SLS ein Pulverbett in einer Stickstoffatmosphäre oberflächennah aufgeschmolzen wird, wodurch die Wärme schlechter als beim LDS abgeführt werden kann. Ist im Probenraum sogar ein Restanteil Sauerstoff vorhanden, können hier Restprodukte entstehen, wodurch sich die Zersetzungstemperatur verringert. [77] Beim LDS werden hingegen beide Fügepartner unter hohem Druck zusammengepresst, sodass im Idealfall ein thermischer Kontakt und kein Luftspalt vorhanden sind. Es ist somit davon auszugehen, dass beim LDS höhere Temperaturen im Material toleriert werden können. Der Einfluss der Strahlungsintensität auf die für eine Aufschmelzung notwendige Mindestwechselzeit wird im experimentellen Teil dieser Arbeit (Kap. 4.2) tiefgehender behandelt.

3.4 Einflussfaktoren auf die Ausbildung der WEZ

Die oben vorgestellten Ergebnisse zeigen den Einfluss der Prozessparameter auf die Temperaturverteilung und WEZ. Unbekannt ist jedoch der Einfluss der Parameter

- Absorptionskoeffizient [α = 0,103 1/mm]
- Wärmeleitfähigkeit des PC [λ_{PC} = 0,21 W/(m*K)]
- Wärmeleitfähigkeit des Andruckglases [λ_{Glas} = 1,38 W/(m*K)]
- Fokusdurchmesser [w_0 = 116 µm]

- Temperaturabhängige Dichte und Wärmekapazität [z.B. $\rho(T = 293\ K) = 1186\ kg/m^3$), $c_P(T = 293\ K) = 1356\ J/(kg*K)$]

auf die Ausbildung der WEZ. Um den Einfluss quantifizieren zu können, wird eine Sensitivitätsanalyse nach der One-at-a-time Technik (OAT) durchgeführt. Hierfür wird nur eine Eingangsvariable variiert während die restlichen Parameter unverändert bleiben. Insgesamt wird jeder Parameter um ± 30% variiert und die Auswirkung auf die WEZ wird untersucht.

Quasisimultanschweißen

Die Simulationen werden für $P_L = 22{,}5$ W, $n = 20$ und $v_{Scan} = 180$ mm/s durchgeführt, sodass die Streckenenergie $E_S = 2{,}5$ J/mm beträgt. Die Ergebnisse werden in Bild 38 zusammengefasst.

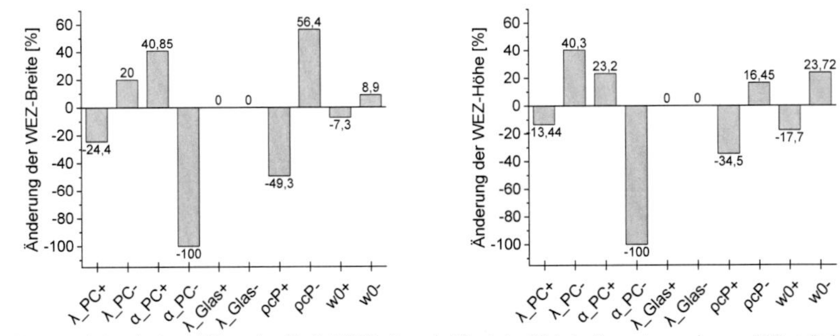

Bild 38: Ergebnisse der Sensitivitätsanalyse für die WEZ-Breite und –Höhe beim QS. Jeder Parameter wurde um ± 30% verändert.

In einem ersten Schritt wird die Wärmeleitfähigkeit λ_{PC} im PC variiert. Je geringer der Wert ist, desto stärker ist der Effekt der Wärmeakkumulation und desto weniger Wärme wird in das umliegende Material und an den Außenflächen der Fügepartner abgeführt. Bei einer Verringerung von λ_{PC} um 30% nehmen die WEZ-Breite um 20% und die WEZ-Höhe um 40,3% zu. Wird λ_{PC} hingegen vergrößert, fließt mehr Wärme während des Schweißprozesses in die Umgebung ab. Die WEZ-Breite verringert sich in diesem Fall um 24,4% und die Höhe um 13,44%.

Der Absorptionskoeffizient α bestimmt die absorbierte Strahlungsenergie entlang der Strahlpropagationsrichtung. Bei einer Verringerung von α um 30% reicht die absorbierte Strahlung nicht für die Bildung einer WEZ aus. Folglich findet eine Änderung der WEZ-Breite und –Höhe um -100% statt. Eine Erhöhung führt zu einer Vergrößerung der WEZ-Breite und –Höhe um 40,85% bzw. 23,2%. Die Wärmeleitfähigkeit des Andruckglases λ_{Glas} übt keinen Einfluss auf die WEZ-Geometrie aus. Neben dem Absorptionskoeffizient α übt auch das Produkt aus der Dichte und der Wärmekapazität $\rho * c_P$ des PC einen großen Einfluss auf die WEZ aus. Eine Verringerung von $\rho * c_P$ führt zur Zunahme der WEZ-Breite um 56,4% und der WEZ-Höhe von 16,45%. Die WEZ-Breite nimmt hingegen bei einer Zunahme von $\rho * c_P$ um 49,3% ab, während die WEZ-Höhe um 34,5% abnimmt.

Im Falle einer Verringerung des Fokusdurchmessers w_0 nimmt die WEZ-Breite um 8,9% zu, während die WEZ-Höhe um 23,72% zunimmt. Wird der Fokusdurchmesser w_0 hingegen vergrößert, nehmen die WEZ-Breite und –Höhe um 7,3% bzw. 17,7% ab. Um diesen Effekt erklären zu können, muss eine Betrachtung der Intensitäts- und Temperaturverteilung senkrecht zur Scanrichtung vorgenommen werden.

Bild 39: Intensitäts- (links) und Temperaturverteilung (rechts) in y-Richtung in Abhängigkeit des Fokusdurchmessers w_0.

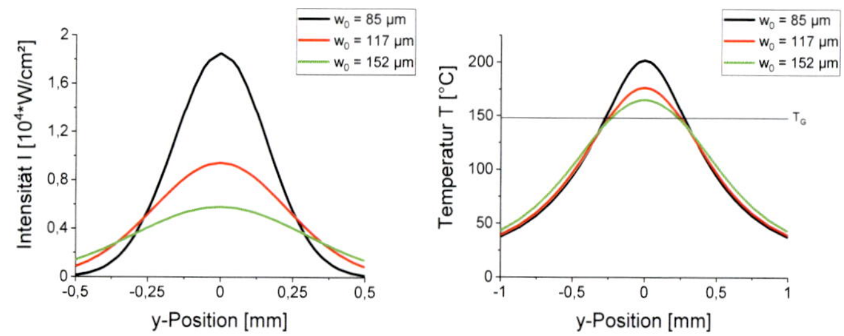

In Bild 39 links ist die Intensitätsverteilung in der Fügezone dargestellt. Bei einem Fokusdurchmesser von w_0 = 85 µm beträgt die Maximalintensität I = 1,85 * 10⁴ W/cm². Wird der Fokusdurchmesser hingegen auf w_0 = 152 µm erhöht, fällt die Maximalintensität auf I = 0,58*10⁴ W/cm² ab. Die Intensität I fällt somit um ca. 2/3 ab. Der höhere Fokusdurchmesser w_0 führt des Weiteren zu einer Verbreiterung der Intensitätsverteilung. Dies führt dazu, dass in einem Abstand von ±0.29 mm die Intensität bei einem Fokusdurchmesser von w_0 = 152 µm größer ist als bei w_0 = 85 µm. Eine Verringerung der WEZ-Maße mit größerem Fokusdurchmesser w_0 liegt daran, dass die für eine Aufschmelzung notwendige Schwellintensität in einem kleineren Bereich überschritten wird. Dies zeigt sich auch an der Temperaturverteilung in Bild 39 rechts. Bei w_0 = 152 µm beträgt die Maximaltemperatur in der Fügezone lediglich T = 165 °C, während bei w_0 = 85 µm die Temperatur T = 201 °C beträgt. Auch wird bei einem größeren Fokusdurchmesser w_0 die Glasübergangstemperatur in einem kleineren Bereich überschritten. Es sei jedoch darauf hingewiesen, dass es sich lediglich um eine theoretische Betrachtung des Schweißprozesses handelt. Des Weiteren wurde vereinfachend eine hohe Strahlqualität mit $M^2 = 1$ angenommen. In der

Realität ist M^2 aufgrund von Linsenfehlern, Aberrationen etc. höher, sodass die reale Intensitätsverteilung im Kunststoff von der theoretischen abweicht.

Konturschweißen mit hoher NA

Die Sensitivitätsanalyse wird für das KS wiederholt mit $P_L = 2{,}22$ W und $v = 4$ mm/s. Die Ergebnisse sind in Bild 40 zusammengefasst. Im Allgemeinen ist erkennbar, dass die prozentuale Änderung der WEZ-Höhe größer ausfällt als bei der WEZ-Breite. Bei einer Vergrößerung von λ_{PC} um 30% nehmen die WEZ-Breite um 3,9% und die WEZ-Höhe um 8,4% ab. Bei einer Verringerung hingegen kommt es zu einer Zunahme um 7,6% bei der WEZ-Breite bzw. 8,4% bei der WEZ-Höhe. Wird der Absorptionskoeffizient α_{PC} um 30% vergrößert, nehmen die WEZ-Breite um 18,4% und die WEZ-Höhe um 46,04% zu. Bei einer Verringerung um 30% kommt es hingegen zu einer Abnahme um 32,8% bzw. um 40,5%. Wie schon beim QS ermittelt, konnte kein Einfluss der Wärmeleitfähigkeit des Andruckglases auf die WEZ-Maße festgestellt werden.

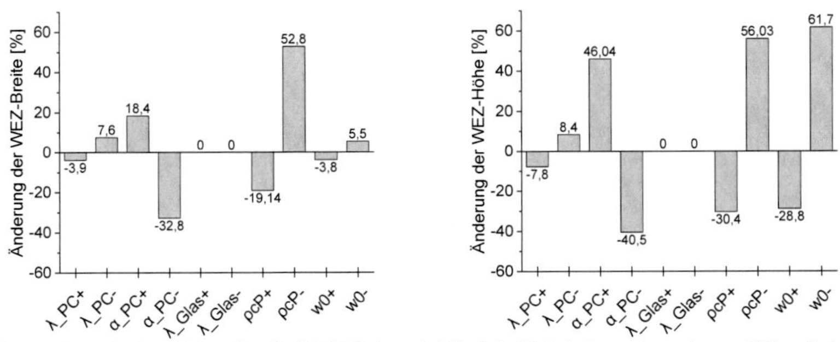

Bild 40: Ergebnisse der Sensitivitätsanalyse für die WEZ-Breite und –Höhe beim KS. Jeder Parameter wurde um ± 30% verändert.

Eine Zunahme von $\rho^* c_P$ führt zu einer Abnahme der WEZ-Breite und –Höhe um 19,14% bzw. um 30,4%. Eine Verringerung von $\rho^* c_P$ führt hingegen zu einer Zunahme um 52,8% bzw. 56,03%. Ähnlich zum QS bewirkt eine Zunahme des Fokusdurchmessers w_0 eine Verringerung der WEZ-Maße. Auch hier ist der Grund, dass aufgrund der flacheren Intensitätsverteilung mit größerem Fokusdurchmesser w_0 die Glasübergangstemperatur T_G in einem kleineren Bereich überschritten wird. Hierbei muss berücksichtigt werden, dass es sich um ein vereinfachtes Modell handelt und die realen Bedingungen nicht umfassend darstellt werden.

3.5 Einfluss von Streueffekten auf die Energieeinbringung und Ausbildung der WEZ

Zur Untersuchung des Einflusses der Lichtstreuung auf die Bildung der WEZ werden Simulationen durchgeführt mit unterschiedlichen mittleren freien Weglängen (MFW) λ_{mfw}. Die MFW ist der Kehrwert des Streukoeffizienten C_s und gibt die durchschnittliche Distanz an, welche ein Photon zurücklegt, bevor es zu einer Streuung kommt. Sie ist somit ein Maß für das Streuverhalten eines Materials. Laut den Ergebnissen aus Kapitel 3.1.5 hat PP mit einer Materialstärke von 2 mm eine MFW von 2,53 mm. Im Rahmen der Versuche wird die MFW um ± 1 mm variiert. Die Simulationen werden sowohl für das QS als auch für das KS mit PP durchgeführt. Die WEZ wird durch eine Isotherme bei T_S = 160 °C dargestellt, welche der Schmelztemperatur von PP entspricht. Bild 41 zeigt die Ergebnisse für das QS.

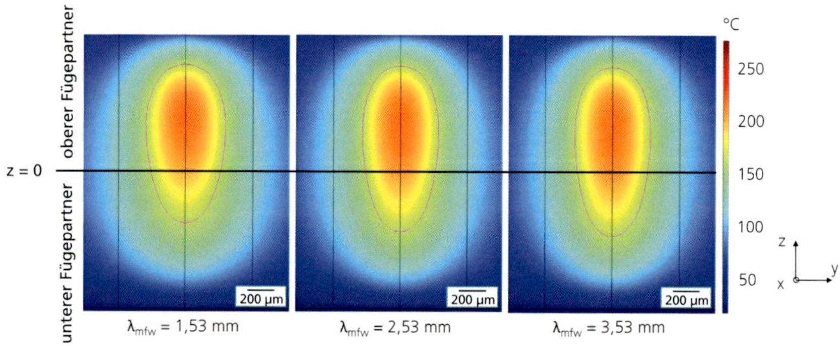

Bild 41: Temperaturverteilung beim QS für unterschiedliche mittlere freie Weglängen. P_L = 22,5 W, v_{scan} = 450 mm/s, n = 50.

Die Simulationen werden mit P_L = 22,5W, v_{Scan} = 450 mm/s und n = 50 durchgeführt. Im Allgemeinen ist erkennbar, dass im Gegensatz zu PC eine Verschiebung der WEZ in Richtung des oberen Fügepartners erfolgt. Die Lichtstreuung bewirkt, dass vermehrt Strahlung im oberen Fügepartner absorbiert wird, sodass sich auch die Maximaltemperaturen in Richtung des oberen Fügepartners verschieben. Wird die MFW um 1 mm verringert, so verstärkt sich dieser Effekt, sodass eine weitere Verschiebung der WEZ beobachtet werden kann. Bei einer Erhöhung der MFW um 1 mm verschiebt sich die WEZ hingegen in Richtung Fügezone. Die Ergebnisse beim KS sind in Bild 42 dargestellt.

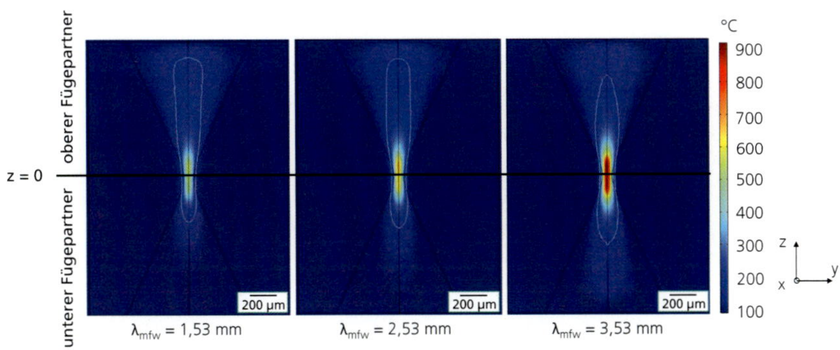

Bild 42: Temperaturverteilung beim KS für unterschiedliche MFW. Der Bereich der fein diskretisierten Netzgeometrie wird durch eine schwarze Linie dargestellt. Die mittlere schwarze Linie bildet die Symmetrieachse. P_L = 10 W, v_{Scan} = 10 mm/s.

Die Simulationen werden mit P_L = 10 W und v = 10 mm/s durchgeführt. Bei λ_{mfw} = 2,53 mm ist erkennbar, dass die WEZ in Richtung des oberen Fügepartners verschoben wird, dennoch werden im Gegensatz zum QS die höchsten Temperaturen im Fokus erreicht. Wird λ_{mfw} auf 1,53 mm verringert, wird mehr Strahlung gestreut, was eine weitere leichte Verschiebung der WEZ zur Folge hat. Dies führt weiterhin dazu, dass die Maximaltemperatur T_{Max} in der Fügezone abnimmt. Der gegenteilige Effekt tritt bei λ_{mfw} = 3,53 mm ein, hier verschiebt sich die WEZ in Richtung Fügeebene und auch die maximale Temperatur ist höher als bei den anderen beiden Fällen.

Die Simulation zeigt, dass das Materialgefüge einen erheblichen Einfluss auf die Energiedeposition im Material und Ausbildung der WEZ ausübt. Es sei jedoch darauf hingewiesen, dass aufgrund von Vereinfachungen des Modells Abweichungen zu realen Schweißversuchen auftreten können. Zum einen wurden homogene Streueigenschaften im Material angenommen. In der Realität liegen im Material unterschiedliche Kristallgrößen vor, welche die Strahlung unterschiedlich brechen. Beim Spritzguss oder bei der Extrusion von Kunststoffbauteilen kommt es an den Außenflächen zu einer schnelleren Abkühlung als im Inneren. Dies führt dazu, dass in den Randbereichen die Kristallstrukturen kleiner sind als im Materialinneren oder es kann sich eine amorphe Randschicht bilden. Des Weiteren wurden die optischen Eigenschaften und das Streuverhalten als temperaturunabhängig angenommen. In der Realität lösen sich die Kristallstrukturen mit Überschreitung der Schmelztemperatur auf. Da keine Lichtstreuung mehr auftritt, müsste eine ähnliche Energiedeposition wie in amorphen Kunststoffen stattfinden. Insbesondere beim QS müsste aufgrund der im Vergleich zum KS längeren Wechselwirkungszeit zwischen Laserstrahlung und Material der Versatz der WEZ geringer ausfallen als in der Simulation angegeben.

Aus diesem Grund erfolgt eine Bewertung der simulierten Ergebnisse anhand realer Schweißversuche in Kapitel 4. Auch wird untersucht, inwiefern sich der Versatz der WEZ durch eine Anpassung der Fokuslage kompensieren lässt.

3.6 Zusammenfassung

In Kapitel 3 wird ein Modell zur thermischen Simulation des LDS in amorphen und teilkristallinen Kunststoffen erstellt. Dieses Modell erlaubt die Analyse der Temperaturverteilung und -entwicklung im Kunststoff in Abhängigkeit der Strahl- und Materialparameter, was in experimentellen Versuchen nicht oder nur mit hohem Aufwand realisierbar wäre. Für das QS und KS können folgende Unterschiede in der Energiedeposition festgestellt werden:

- Der Schweißprozess unterteilt sich beim QS in mehrere Aufheiz- und Abkühlphasen. Beim KS findet hingegen eine schlagartige Erwärmung des Kunststoffes statt.

- Die Wärme sammelt sich beim QS im Materialinneren (Wärmeakkumulation) an. An den Außenflächen fließt sie hingegen in Richtung Spannvorrichtung ab.

- Beim KS findet eine Erwärmung des Kunststoffes über eine starke Fokussierung der Laserstrahlung statt, sodass nur im Materialinneren die Schwellintensität zur Aufschmelzung des Kunststoffes überschritten wird. Die Intensitätszunahme durch Fokussierung überwiegt die Intensitätsabnahme durch Absorption.

- Die Zersetzungstemperatur wird beim KS kurzzeitig überschritten. Diverse Arbeiten deuten darauf hin, dass sich die Zersetzungstemperatur mit steigender Aufheizrate in Richtung höherer Temperaturen verschiebt. Die Ursachen hierfür sind zum derzeitigen Zeitpunkt noch nicht verstanden.

Des Weiteren beeinflusst das Materialgefüge maßgeblich die Energiedeposition im Kunststoff. Für beide Bestrahlungsstrategien kann gezeigt werden, dass sich die WEZ in teilkristallinen Kunststoffen in Richtung des oberen Fügepartners verschiebt. Je stärker die Streueffekte sind, desto stärker fällt der Versatz der WEZ aus. In zukünftigen Arbeiten sollten tiefergehende Versuche mit stark streuenden Kunststoffen wie z.B. Polyphenylensulfid (PPS) oder faserverstärkten Kunststoffen durchgeführt werden. Hier gilt es zu untersuchen, ob sich eine Verschweißung mittels des absorberfreien LDS realisieren lässt.

4 Experimentelle Versuchsdurchführung und Bewertung der Simulationsergebnisse

4.1 Versuchsaufbau, verwendete Materialien und mikroskopische Analyse der WEZ

Als Versuchsmaterialien werden PC (Makrolon® GP clear 099, Covestro AG, Leverkusen, Deutschland) sowie PP (Vivak®, Bayer AG, Leverkusen, Deutschland) mit einer Materialstärke von 1 mm benutzt. Als Strahlquelle werden Thulium Faserlaser vom Typ TLR-120-WC und TLR-100-1940 (IPG Laser GmbH, Burbach, Deutschland) verwendet mit einer Emissionswellenlänge von λ = 1940 nm. Die maximalen Ausgangsleistungen betragen jeweils P_L = 120 W und P_L = 100 W. Beim QS wird ein Scankopf vom Typ IntelliSCAN III 14 der Firma SCANLAB GmbH, Puchheim, Deutschland verwendet. Die Strahlfokussierung erfolgt über eine telezentrische f-theta Optik mit einer Brennweite von f = 100 mm. Die Strahleigenschaften werden experimentell mit dem Strahldiagnosegerät Focusmonitor der Fa. Primes GmbH, Pfungstadt, Deutschland bestimmt. Die Strahleigenschaften beim QS können der folgenden Tabelle entnommen werden.

Tabelle 2: Strahleigenschaften des Versuchsaufbaus zum QS.

Komponenten		Strahleigenschaften	
Strahlquelle	TLR-100-1940	Strahlqualität Rohstrahl	M^2 = 1,1
max. Leistung	P_L = 100 W	Rohstrahlradius	$w_{Rohstrahl}$ = 2,25 mm
Scanner	IntelliSCAN III 14	Rayleighlänge	z_R = 1,97 mm
Brennweite	f = 100 mm	Fokusradius	w_0 = 58 µm

Beim KS wird der Laserstrahl auf einen Strahlradius von w = 10 mm aufgeweitet und mittels kurzbrennweitiger Linsen (f = 50 mm, f = 20 mm) fokussiert, um eine starke Fokussierung zu erreichen. Das Verfahren der Probe wird über ein 3-Achssystem vom Typ CKK der Fa. Bosch Rexroth GmbH, Deutschland realisiert. Die Strahleigenschaften beim KS sind in der folgenden Tabelle zusammengefasst.

Tabelle 3: Strahleigenschaften des Versuchsaufbaus zum KS.

Komponenten		Strahleigenschaften	
		Strahlqualität	
Strahlquelle	TLR-120-WC	Rohstrahl	$M^2 = 1{,}1$
max. Leistung	$P_L = 120$ W	Rohstrahlradius	$w_{Rohstrahl} = 10$ mm
Brennweite	f = 50 mm	Rayleighlänge	$z_R = 628{,}3$ µm
		Fokusradius	$w_0 = 19{,}13$ µm
		Numerische Apertur	NA = 0,24
Brennweite	f = 20 mm	Rayleighlänge	$z_R = 116{,}7$ µm
		Fokusradius	$w_0 = 8{,}25$ µm
		Numerische Apertur	NA = 0,54

Die Proben werden in einer pneumatisch betriebenen Spannvorrichtung platziert und zwischen einer Glasplatte und Auflagefläche aus Aluminium zusammengepresst. Die hohe Wärmeleitfähigkeit des Aluminiums (λ_{Alu} = 235W/(m*K) bewirkt eine Wärmeabfuhr während des Schweißprozesses. Des Weiteren wird die vom Kunststoff transmittierte Strahlung von der Auflagefläche diffus zurückreflektiert. Der Versuchsaufbau wird in der folgenden Abbildung gezeigt (s. Bild 43).

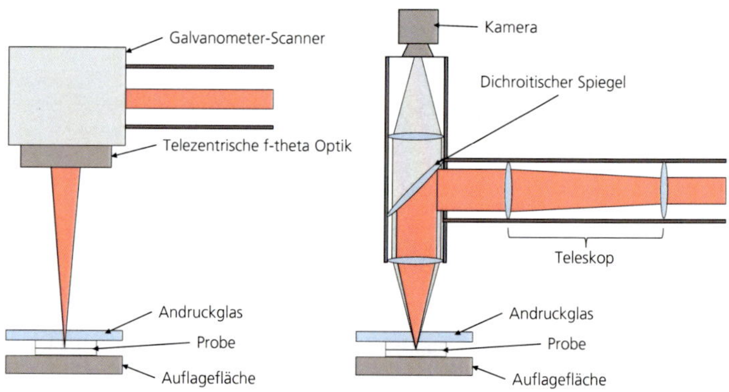

Bild 43: Schematische Darstellung des Versuchsaufbaus für das QS (links) und KS (rechts).

Zur mikroskopischen Analyse der Nahtquerschnitte werden Dünnschnitte angefertigt mit Hilfe eines Rotationsmikrotoms RM2255 (Leica Biosystems Nussloch GmbH, Nussloch, Germany). Die Dünnschnitte werden mittels eines Polarisationsmikroskops Axio Imager A2.m von der Firma Carl Zeiss Microscopy

GmbH, Jena, Deutschland untersucht. Die WEZ kann anhand einer Brechungsindexänderung im Kunststoff beobachtet werden, sodass die WEZ-Höhe und –Breite bestimmt werden kann (s. Bild 44).

Bild 44: Analyse und Vermessung des Nahtquerschnitts mittels Polarisationsmikroskopie.

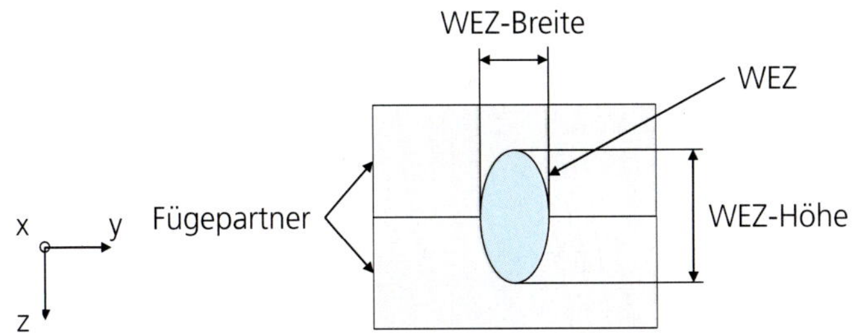

4.2 Bestimmung der für eine Aufschmelzung notwendigen Mindestwechselwirkungszeit zwischen Laserstrahlung und Kunststoff

Die Simulationsergebnisse in Kapitel 3.3 zeigen, dass beim LDS eine kurzzeitige Überschreitung der Zersetzungstemperatur T_Z im Kunststoff auftreten kann, obwohl in der Praxis keine thermische Beschädigung im Bauteil entsteht. Arbeiten von Boglea und Lanzl weisen darauf hin, dass sich die Zersetzungstemperatur mit zunehmenden Aufheizraten in Richtung höherer Temperaturen verschiebt [6, 76]. Ein weiteres Argument liefert das Arrhenius-Gesetz. Hierbei findet mit Überschreitung der Zersetzungstemperatur eine Zersetzung in Abhängigkeit der Dauer und Höhe der Temperaturbelastung auf. Die Ergebnisse deuten darauf hin, dass bei einer Erhöhung der Laserleistung die für eine Aufschmelzung notwendige Wechselwirkungszeit zwischen Laserstrahlung und Kunststoff verkürzt werden kann.

Aus diesem Grund wird die für eine Aufschmelzung notwendige intensitätsabhängige Mindestwechselwirkungszeit zwischen Laserstrahlung und Material ermittelt. Hierfür wird eine Probe aus PC mit einer Materialstärke von 2 mm mit schrittweise kürzeren Pulsdauern bestrahlt. Der Strahlfokus befindet sich auf der Probenoberfläche. Für jede untersuchte Pulsdauer wird die Laserleistung bzw. die Strahlintensität ermittelt, bei der eine erste Aufschmelzung des Kunststoffs unter dem Mikroskop sichtbar wird.

Die Versuche beginnen ab einer Pulsdauer von t_P = 40 ms und werden schrittweise auf bis zu t_P = 5 ms verkürzt. Mit Hilfe der ermittelten Ergebnisse wird außerdem die Fluenz F_0 bestimmt, welche das Maß für die eingestrahlte Laserenergie pro Fläche ist:

4.1
$$F_0 = \frac{2 * E_P}{\pi * w_0^2}$$

Hierbei ist E_P die Pulsenergie [J]. Bild 45 zeigt bespielhaft die mikroskopischen Aufnahmen (Draufsicht) der erzeugten Aufschmelzungen.

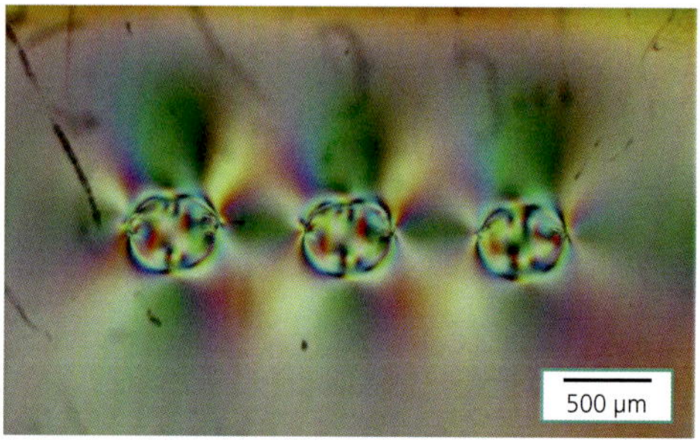

Bild 45: Beispielhafte mikroskopische Aufnahme (Draufsicht) von drei erzeugten Aufschmelzungen bei P_L = 23,4 W und t_P = 20 ms. Jede Aufschmelzung wurde durch einen Laserpuls erzeugt.

Da keine Verfahrbewegung zwischen Laserstrahlung und Kunststoff stattfindet, wird t_P mit der Wechselwirkungszeit t_{ww} gleichgesetzt. Die Ergebnisse werden in der folgenden Abbildung zusammengefasst.

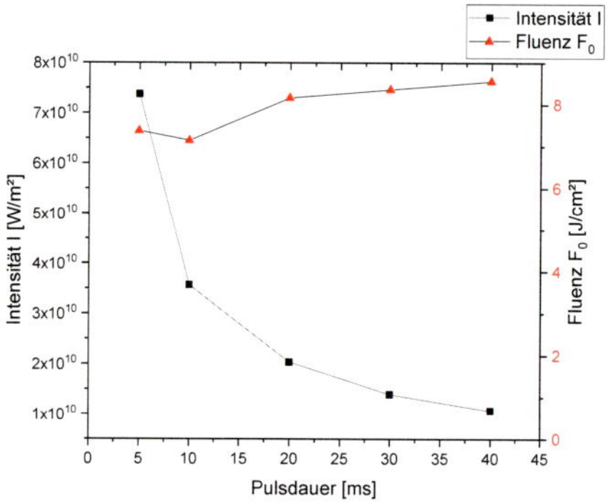

Bild 46: Einfluss der Strahlintensität und Fluenz auf die für eine Aufschmelzung des Kunststoffs notwendige Mindestwechselwirkungszeit.

In Bild 46 ist erkennbar, dass ein exponentieller Anstieg der Strahlintensität I notwendig ist, um auch bei kürzeren Pulsdauern t_P eine Aufschmelzung zu generieren. Während bei t_P = 40 ms die notwendige Strahlintensität I = 1,07*10^{10} W/m² beträgt, steigt diese bei t_P = 5 ms auf I = 7,37*10^{10} W/m² an. Weiterhin ist erkennbar, dass letztendlich die Fluenz nahezu konstant bleibt. Für t_P = 40 ms beträgt die Fluenz F_0 = 8,5 J/cm², während sie für t_P = 5 ms F_0 = 7,3 J/cm² beträgt.

Die Ergebnisse zeigen, dass die Aufschmelzung des Kunststoffes von der Fluenz abhängt. Bei konstanter Fluenz kann wiederum durch eine Erhöhung der Strahlintensität die notwendige Mindestwechselwirkungszeit zwischen Laserstrahlung und Kunststoff verringert werden. Weiterhin muss berücksichtigt werden, dass keine Verschweißung zwischen zwei Fügepartnern erfolgt ist, sondern es wurde lediglich eine Kunststoffplatte aufgeschmolzen. Für eine Verschweißung muss es neben einer Aufschmelzung auch zu einer Verschlaufung der Molekülketten kommen, was wiederum einen Einfluss auf die Mindestwechselwirkungszeit haben kann.

Die generierten Ergebnisse lassen sich in Zukunft nutzen, um die Schweißzeit signifikant zu reduzieren, indem die Laserleistung erhöht wird. Neben einer Produktivitätssteigerung wird das Laserschweißen auch für andere Anwendungsbereiche, in denen hohe Schweißgeschwindigkeiten gefordert sind, attraktiv. Potenzielle Anwendungsbeispiele sind Verschweißungen von Folien im Rolle-zu-Rolle Prozess wie z.B. für Lebensmittelverpackungen oder Blisterverpackungen in der Pharmazie. Hierfür müssen jedoch Strahlquellen verwendet werden, welche im kW-Leistungsbereich Strahlung emittieren. Im Falle des Thulium-Faserlasers sind bis dato keine Strahlquellen mit den geforderten Eigenschaften kommerziell erhältlich. Eine Lösungsmöglichkeit wäre, mehrere Strahlquellen zu kombinieren, um so die geforderten Laserleistungen zu erzielen. Aufgrund der gaußförmigen Intensitätsverteilungen können aufgrund der ungleichmäßigen Temperaturverteilung lokale Zersetzungserscheinungen auftreten. Eine homogenere Temperaturverteilung kann hingegen mittels Diffraktiver Optischer Elemente (DOE) generiert werden.

Für das klassische LDS hingegen sind solche Strahlquellen verfügbar. In einer Arbeit von Laakso et al. wird PC mittels eines Multimode Ytterbium-Faserlasers sowohl simultan als auch quasisimultan verschweißt. Die Wellenlänge beträgt λ = 1070 nm. Beim Simultanschweißen erfolgt die Strahlformung mit Hilfe eines DOEs. Die Pulsdauer konnte bis auf t_P = 2 ms reduziert werden bei einer Laserleistung von ca. P_L = 2,3 kW. [80] Da in diesem Bereich ebenfalls eine thermische Zersetzung des PC auftrat, sind hier noch tiefergehende Untersuchungen notwendig.

Für die Validierung der in dem Simulationsmodells ermittelten hohen Materialtemperaturen muss auch die Temperatur in den experimentellen

Versuchen gemessen werden. Thermoelemente sind aufgrund ihrer Trägheit ungeeignet und auch die Pyrometrie ist aufgrund des Überlapps zwischen der Emissionswellenlänge (λ = 1940 nm) und dem Messbereich beim LDS von Kunststoffen (λ = 1500 – 2100 nm) nicht möglich. Eine gleichzeitige Messung während der Bestrahlung des Kunststoffs ist somit nicht möglich. Wird hingegen die Temperatur nach dem Laserpuls gemessen, wird aufgrund von Abkühlvorgängen nicht mehr die Maximaltemperatur auf der Kunststoffoberfläche erfasst. Für weitere Informationen zur pyrometrischen Temperaturmessungen sei hier auf Kapitel 5 verwiesen. Eine Alternative können Highspeed-Thermographiemessungen sein, welche eine millisekundengenaue Messung ermöglichen. Da beim klassischen LDS kein Überlapp zwischen der Emissionswellenlänge des Ytterbium-Faserlasers und dem Messbereich des Pyrometers besteht, wären in diesem Fall Temperaturmessungen realisierbar.

4.3 Bewertung der Simulationsergebnisse

4.3.1 Quasisimultanschweißen

Das Simulationsmodell wird in diesem Kapitel mit Hilfe von experimentellen Schweißversuchen für das QS bewertet. Die Anzahl an Überfahrten und die Scangeschwindigkeit werden schrittweise erhöht, während Laserleistung und Streckenenergie konstant bleiben mit einem Wert von P_L = 22,5 W bzw. E_S = 2,5 J/mm. Die generierte WEZ wird mittels Polarisationsmikroskopie untersucht und gemessen. Parallel wird die WEZ simulativ berechnet und mit den realen WEZ Werten verglichen. Bild 47 links zeigt die gemessenen WEZ Breiten für n =10 – 150.

Bild 47: Vergleich der simulierten und realen WEZ-Breite (links) und -Höhe (rechts) beim QS in PC (P_L = 22,5 W, E_S = 2,5 J/mm).

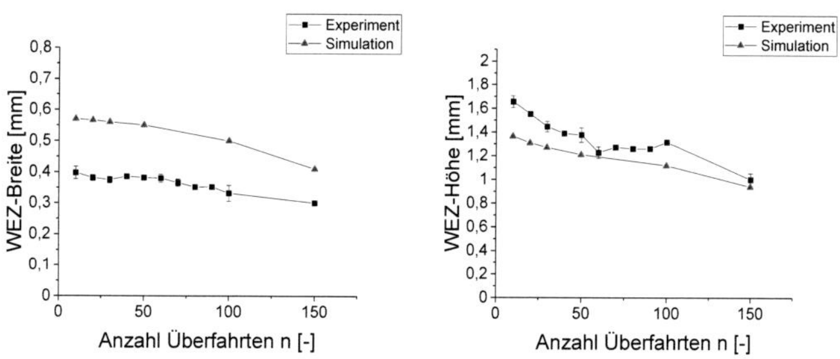

Analog zu den präsentierten Simulationsergebnissen in Kapitel 3.2 nimmt in PC die WEZ-Breite im realen Schweißversuch mit steigender Anzahl an Überfahrten und Scangeschwindigkeit bei konstanter eingebrachter Streckenenergie ab. Der Grund hierfür ist, dass der diffusive Energiefluss an Bedeutung gewinnt und folglich mehr Wärme über die Außenflächen der Probe abgeführt wird. Die WEZ-

Breite beträgt 0,39 mm bei n = 10 und fällt bis auf 0,3 mm ab bei n = 150, was einer Abnahme von 23% entspricht. Die Simulationsergebnisse zeigen wiederum eine Abnahme der WEZ-Breite um 28% an. Weiterhin fällt die hohe Abweichung zwischen simulativen und den experimentellen Ergebnissen auf.

Im Fall der WEZ-Höhe (s. Bild 47 rechts) wird für n = 10 eine Höhe von 1,65 mm ermittelt. Wird n auf 150 erhöht, findet eine Reduktion der WEZ-Höhe auf 1 mm statt. Dies entspricht einer Abnahme von 39,5%. Im Simulationsmodell wird hingegen eine Reduktion um 31% erzielt. Im Gegensatz zur WEZ-Breite zeigt das Simulationsmodell eine gute Übereinstimmung mit den experimentellen Ergebnissen. Ein weiterer Unterschied ist, dass im Simulationsmodell die WEZ-Höhe unterschätzt wird. Bei der WEZ-Breite ist der Effekt hingegen umgekehrt, hier wird eine höhere WEZ-Breite berechnet.

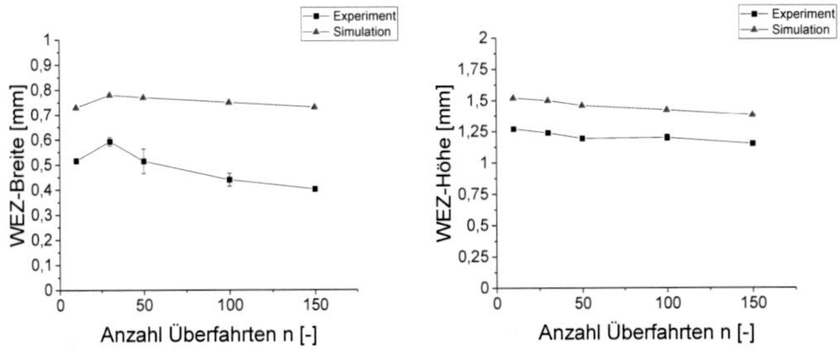

Bild 48: Vergleich der simulierten und realen WEZ-Breite (links) und -Höhe (rechts) beim QS in PP (P_L = 22,5 W, E_S = 2,5 J/mm).

In Bild 48 werden die experimentell ermittelten Werte für die WEZ beim QS mit den Ergebnissen des Simulationsmodells in PP verglichen. Sowohl die WEZ-Breite als auch die WEZ-Höhe werden von der Simulation systematisch überschätzt, wobei die Abweichung in der WEZ-Breite höher ausfällt. Die WEZ-Breite beträgt für n = 10 Überfahrten 0,51 mm. Bei einer Erhöhung auf n = 150 Überfahrten nimmt die Breite auf 0,4 mm ab, was einer Abnahme von 22% entspricht. Das Simulationsmodell zeigt hingegen keine Abnahme an. Bei der WEZ-Höhe findet im selben Bereich eine Reduktion von 1,26 mm auf 1,15 mm statt, was einer Abnahme von 8,7% entspricht. In der Simulation wird eine ähnliche Abnahme in Höhe von 9,2% vorhergesagt.

Für beide Materialien ist sowohl in der Simulation als auch in den experimentellen Versuchen eine Abnahme der WEZ-Maße zu erkennen. Eine Ausnahme bildet die WEZ-Breite in PP, da in diesem Fall keine Abnahme festgestellt werden kann. Das Simulationsmodell liefert bei PC präzisere Ergebnisse als bei PP, jedoch sei darauf hingewiesen, dass für beide Materialien eine hohe Abweichung in der WEZ-Breite auftritt. Mögliche Gründe für die Abweichungen zwischen der Simulation und den experimentellen Ergebnissen werden in Kapitel 4.3.3 behandelt.

4.3.2 Konturschweißen

Die Ergebnisse für das KS von PC sind in Bild 49 zusammengefasst. Mit steigender Vorschubgeschwindigkeit nimmt die WEZ-Breite ab. Bei v = 1,6 mm/s beträgt die WEZ-Breite 0,54 mm. Wird die Vorschubgeschwindigkeit auf v = 16,6 mm/s erhöht, nimmt die Breite auf 0,011 mm ab, was einer Reduktion von 98% entspricht. Die Abnahme fällt zwischen v = 1,6 – 5 mm/s am stärksten aus. In diesem Bereich wird ferner die WEZ-Breite von der Simulation unterschätzt. Insbesondere bei einer Vorschubgeschwindigkeit von 1,6 mm/s beträgt die Abweichung zwischen der realen und simulierten WEZ 35,1%. Oberhalb einer Vorschubgeschwindigkeit von v = 5 mm/s liegt eine geringe absolute Abweichung vor.

Die WEZ-Höhe nimmt von 1,8 mm auf 0,12 mm ab, was einer Abnahme von 93,6% entspricht. Hinsichtlich der Abweichungen zwischen den simulativen und experimentellen Ergebnissen ist bei der WEZ-Höhe ein umgekehrter Effekt beobachtbar. Während bei einer Vorschubgeschwindigkeit unterhalb v = 5 mm/s eine geringe Abweichung vorliegt, nimmt diese mit steigender Vorschubgeschwindigkeit zu. Zwar ist auch hier eine Abnahme der WEZ-Höhe mit steigender Vorschubgeschwindigkeit erkennbar, jedoch tritt die größte Abnahme im Bereich 5 – 11,6 mm/s auf. Die WEZ-Höhe wird von der Simulation systematisch überschätzt.

Bild 49: Bewertung der simulativen Ergebnisse beim KS von PC mittels experimenteller Versuche. Links: WEZ-Breite. Rechts: WEZ-Höhe. P_L = 5,5 W, v = 1,6 – 16,6 mm/s.

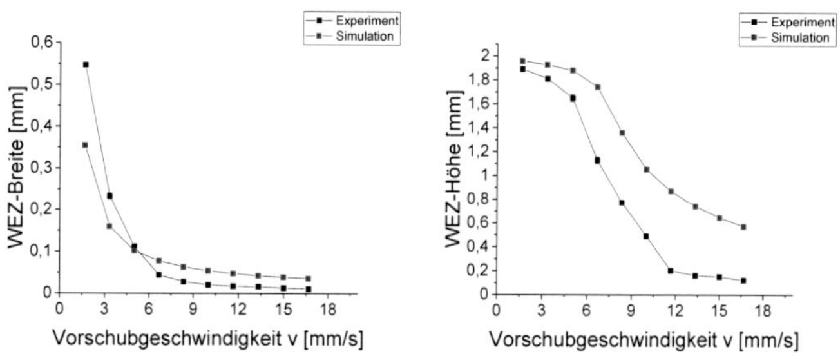

In Bild 50 sind die Ergebnisse für PP dargestellt. Die WEZ-Breite beträgt anfangs 0,77 mm für eine Vorschubgeschwindigkeit von v = 1,6 mm/s. Diese nimmt mit steigender Vorschubgeschwindigkeit v ab auf bis zu 0,054 mm bei v = 11,6 mm/s, was einer Abnahme von 93% entspricht. Ähnlich zu den Ergebnissen in PC liegt anfangs für die WEZ-Breite eine hohe Abweichung zwischen der Simulation und den realen Ergebnissen vor, welche mit höheren Vorschubgeschwindigkeiten v abnimmt. Beispielsweise beträgt die Abweichung 53,2% bei v = 1,6 mm/s, während bei v = 11,6 mm/s die Abweichung lediglich

10,9% beträgt. Die WEZ-Breite wird für alle Vorschubgeschwindigkeiten von dem Simulationsmodell unterschätzt.

Die experimentell ermittelte WEZ-Höhe beträgt 1,8 mm bei einer Vorschubgeschwindigkeit von 1,6 mm/s. Wird die Vorschubgeschwindigkeit auf 11,6 mm/s erhöht, findet eine Abnahme um 85% auf 0,26 mm statt.

Bild 50: Bewertung der simulierten Ergebnisse beim KS von PP mittels experimenteller Versuche. Links: WEZ-Breite. Rechts: WEZ-Höhe. P_L = 5,5 W, v = 1,6 – 11,6 mm/s.

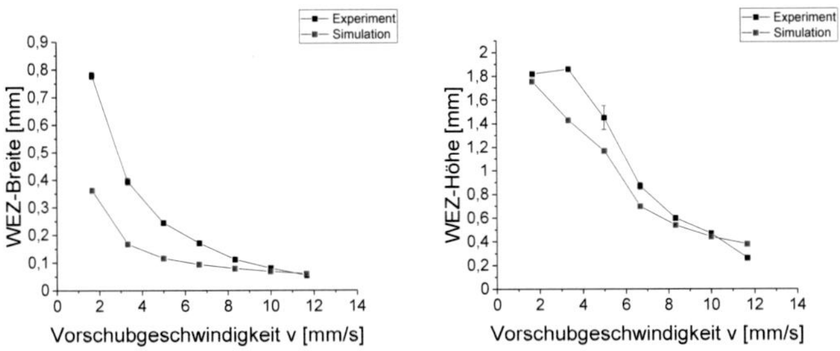

Die Simulationsergebnisse zeigen eine gute Übereinstimmung in der WEZ-Höhe. Eine Ausnahme bildet die Abweichung bei v = 3,3 mm/s. Hier beträgt die Abweichung 23,2%. Da die WEZ-Höhe in diesem Bereich sogar höher ist als bei v = 1,6 mm/s, handelt es sich hierbei um Messwertschwankungen, welche möglicherweise auf Messfehler, Abweichungen in der Probendicke etc. zurückzuführen sind. Ähnlich zu den vorherigen Messergebnissen kann hier eine Abnahme der WEZ-Höhe mit steigender Vorschubgeschwindigkeit beobachtet werden.

4.3.3 Diskussion der Ursachen für die Abweichungen

Um Rechenzeit zu sparen, wurden am Simulationsmodell Vereinfachungen vorgenommen, welche eine Abweichung zwischen den simulativen und experimentellen Ergebnissen verursachen können. Beispielsweise werden für beide Fügepartner ideal glatte Oberflächen vorgenommen, sodass z.B. keine Lufteinschlüsse vorhanden sind. Somit liegt eine ideale Wärmeleitung zwischen beiden Fügepartnern vor. Die Auflagefläche aus Aluminium wird als ideal reflektierend angenommen, während in der Realität die Laserstrahlung diffus reflektiert wird. Ferner werden die optischen Eigenschaften der Kunststoffe als temperaturunabhängig angenommen. Bei der Modellierung des Streuverhaltens wird eine homogene Verteilung der Kristalle angenommen. In der Realität wird hingegen die Verteilung maßgeblich von den Produktionsbedingungen beeinflusst. Am Bauteilrand befinden sich aufgrund der höheren Abkühlgeschwindigkeit kleinere Kristalle als in der Bauteilmitte. Ist die Abkühlgeschwindigkeit hinreichend schnell, kann sich eine amorphe

Grenzschicht ausbilden, in der keine nennenswerte Lichtstreuung auftritt. Ferner wird ein temperaturunabhängiges Streuverhalten angenommen. Mit Überschreiten des Schmelztemperatur lösen sich die Kristalle jedoch auf, sodass in der Kunststoffschmelze keine Lichtstreuung auftritt. Insbesondere beim QS können nach Überschreiten der Schmelztemperatur noch mehrere Bestrahlungszyklen ausstehen, sodass es hier zu einer hohen Abweichung zwischen Simulation und Experiment kommen kann. Wie schon in Kapitel 3.3 diskutiert wurde, werden die Materialeigenschaften mittels Messverfahren bestimmt, welche die Randbedingungen beim LDS nur unzureichend abbilden. Beispielsweise wird die Schmelz- bzw. Glasübergangstemperatur mittels einer TGA oder DSC Messung ermittelt. Die Heizraten liegen bei diesen Verfahren deutlich unter denen beim LDS. In zukünftigen Arbeiten sollten diese Eigenschaften mittels Laser-Flash-DSC Messungen ermittelt werden, um realistischere Materialwerte zu gewinnen. Im Folgenden werden nochmal die möglichen Ursachen für die Abweichungen mit absteigender Gewichtung gelistet. Es sei darauf hingewiesen, dass es sich bei der Priorisierung dieser Ursachen lediglich um eine Schätzung handelt.

- Annahme homogener Kristalleigenschaften
- Verschiebung der Schmelz- und Glasübergangstemperatur beim LDS in Richtung höherer Temperaturen
- Annahme ideal glatter und reflektierender Oberflächen

4.4 Vergleich der Energiedepositionsmechanismen Wärmeakkumulation und Fokussierung

Für die technologische Bewertung des Verfahrens soll in diesem Kapitel ein Verfahrensvergleich hinsichtlich der WEZ-Geometrie sowie der Präzision der Energieeinbringung vorgenommen werden. Die Vor- und Nachteile der jeweiligen Verfahren werden gegenübergestellt und es werden Handlungsempfehlungen abgeleitet, für welche Anwendung welches Verfahren geeignet ist. Als Versuchsmaterialien werden PC und PP als Vertreter der amorphen bzw. teilkristallinen Kunststoffe verwendet.

Die bisher erzielten Ergebnisse deuten darauf hin, dass sowohl das QS als auch das KS mit kurzbrennweitigen Linsen einen präziseren Energieeintrag im Vergleich zum konventionellen KS ermöglichen. Während beim QS eine Aufschmelzung durch Wärmeakkumulation erfolgt, wird beim KS eine präzise Energiedeposition mittels starker Strahlfokussierung erreicht. Im Folgenden werden beide Verfahren hinsichtlich der Ausbildung der WEZ verglichen.

Aufgrund der unterschiedlichen Strahleigenschaften können die WEZ nur qualitativ verglichen werden. Hierfür wird das Aspektverhältnis zwischen der WEZ-Breite B [mm] und der WEZ-Höhe H [mm] gemäß:

$$WEZ - Verhältnis = \frac{B}{H} \tag{4.2}$$

gebildet. Ein Verhältnis ≥ 1 ist positiv zu bewerten, da das aufgeschmolzene Materialvolumen überwiegend in der Anbindungsbreite liegt und somit zur Festigkeit der Naht beiträgt. Beträgt das WEZ-Verhältnis < 1 bedeutet dies, dass sich die WEZ mehrheitlich in vertikaler Richtung erstreckt.

Beim KS werden mehrere Schweißnähte mit einer konstanten Streckenenergie von E_S = 0,99 J/mm in PC erzeugt (s. Bild 51, links). Die korrespondierenden Vorschubgeschwindigkeiten werden ausgehend von v = 3,33 mm/s bis auf v = 13,33 mm/s erhöht. Gleichzeitig findet eine Erhöhung der Laserleistung statt. Die WEZ-Verhältnisse werden in der folgenden Abbildung dargestellt. Das mittlere WEZ-Verhältnis beträgt beim KS zwischen 0,08 bis 0,09. Dies bedeutet, dass sich die Schmelze überwiegend in vertikaler Richtung bildet und somit nur wenig zur Nahtfestigkeit beiträgt.

Bild 51: WEZ-Verhältnis beim KS (links) und QS (rechts).

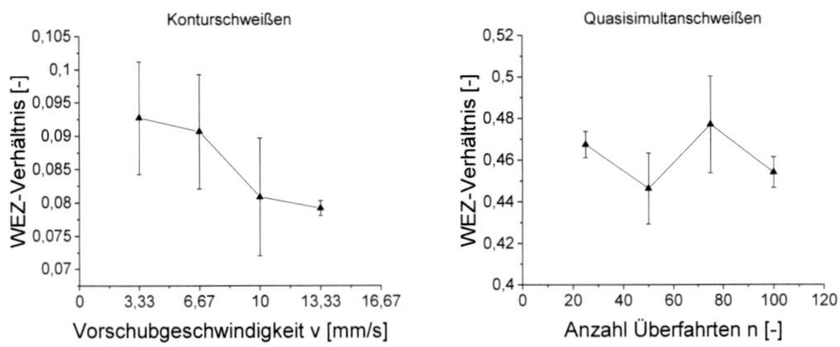

Beim QS werden hingegen Linien mit einer konstanten Streckenenergie von E_S = 3,75 J/mm erzeugt (s. Bild 51, rechts). Die Laserleistung beträgt P_L = 33,79 W, während die Anzahl an Überfahrten n und die Scangeschwindigkeit v_{Scan} schrittweise erhöht wird. Die Brennweite der Scanneroptik beträgt f = 57 mm. Es ist erkennbar, dass das WEZ-Verhältnis zwischen 0,46 und 0,48 beträgt. Unter Annahme eines identischen Schmelzevolumens im Kunststoff ist somit die Energieeinbringung beim QS günstiger.

In der folgenden Versuchsreihe wird die Fokuslage in positiver und negativer z-Richtung variiert. Beim KS beträgt die Leistung für alle Fokuspositionen

P_L = 6,6 W und die Vorschubgeschwindigkeit beträgt v = 6,67 mm/s. Die Ergebnisse zeigen, dass beim KS der Ort der Aufschmelzung präzise in z-Richtung über die Positionierung der Fokuslage eingestellt werden kann (s. Bild 52). Für ein optimales Schweißergebnis sollte sich die Fokuslage in der Fügezone befinden.

Bild 52: Variation der Fokuslage in PC beim KS. P_L = 6,6 W, v = 6,67 mm/s.

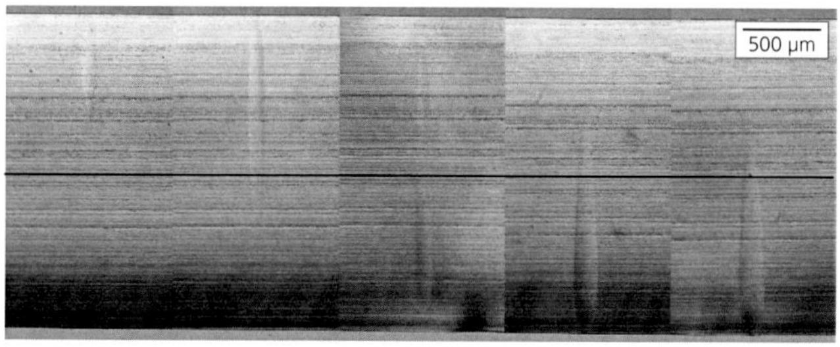

Beim QS beträgt die Streckenenergie E_S = 3,75 J/mm mit einer Leistung von P_L = 33,79 W, einer Scangeschwindigkeit von v_{Scan} = 450 mm/s und n = 50 Überfahrten. Die Ergebnisse zeigen keine signifikante Verschiebung der WEZ (s. Bild 53). Der Grund hierfür liegt in der Art des Aufschmelzens. Beim QS wird die WEZ durch die Wärmeakkumulation im Materialinneren ausgebildet. Bei zwei Fügepartnern mit identischen Materialstärken bildet sich die WEZ in der Mitte bzw. der Fügezone aus. Die Fokuslage muss somit nicht genau eingestellt werden, was zu einer Zeiteinsparung in der Prozesseinrichtung führt. Ist hingegen ein Fügepartner deutlich dünner (z.B. Folien), kommt es zu keiner Verbindung zwischen beiden Fügepartnern. Beim KS hingegen wird im Bereich des Fokus die zum Aufschmelzen notwendige Schwellintensität erreicht. Hieraus folgt, dass im Gegensatz zum KS beim QS keine gezielte Deponierung der Wärme in z-Richtung erfolgen kann.

Bild 53: Variation der Fokuslage in PC beim QS. P_L = 33,79 W, v_{Scan} = 450 mm/s, n = 50.

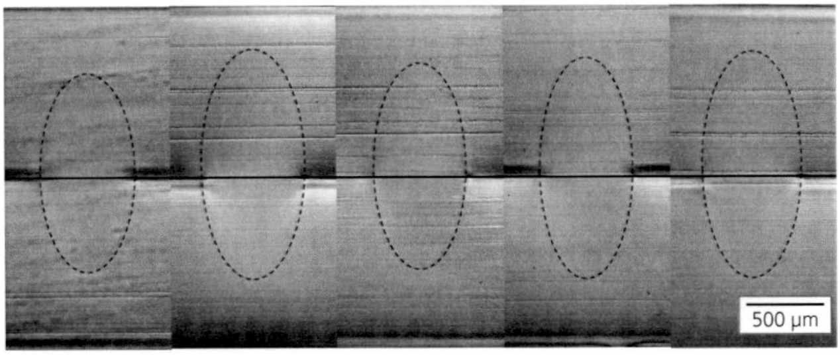

Die Simulationsergebnisse in Kapitel 3.5 deuten darauf hin, dass die Lichtstreuung in teilkristallinen Kunststoffen einen Einfluss auf die Energiedeposition und die Ausbildung der WEZ ausübt, sodass es zu einer Verschiebung der WEZ in Richtung des oberen Fügepartners kommt. Dies soll anhand experimenteller Versuche überprüft und nachgewiesen werden. Die folgende Abbildung zeigt die WEZ in PP beim KS mit unterschiedlichen Fokuslagen (s. Bild 54).

Bild 54: Variation der Fokuslage in PP beim KS. P_L = 6,8 W, v = 6,67 mm/s.

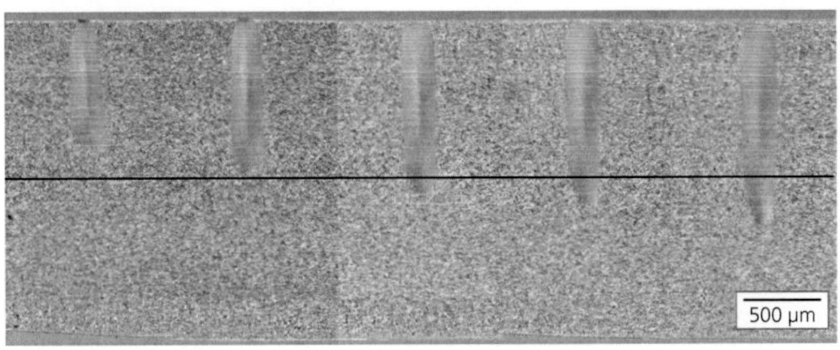

Bei z = 0 µm ist erkennbar, dass der gesamte obere Fügepartner aufgeschmolzen wird. Lediglich ein kleiner Teil des unteren Fügepartners wird aufgeschmolzen. Der Versatz der WEZ fällt größer aus als im Simulationsmodell berechnet, sodass auch eine stärkere Streuung der Laserstrahlung stattfindet. Bei einer Verschiebung der Fokuslage in positiver z-Richtung befindet sich die WEZ lediglich im oberen Fügepartner. Eine Verschiebung in negativer z-Richtung führt zu einer Vergrößerung der WEZ in vertikaler Richtung, sodass mehr Schmelze im unteren Fügepartner gebildet wird.

Bild 55: Variation der Fokuslage in PP beim QS. P_L = 22,5 W, v_{Scan} = 450 mm/s, n = 50.

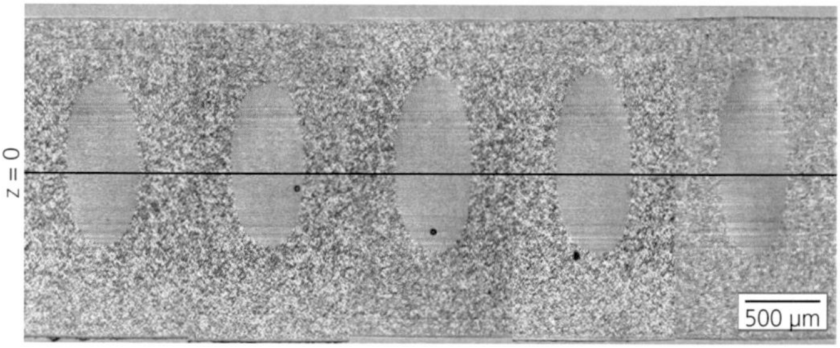

Beim QS spielt die Lichtstreuung keine signifikante Rolle. Die in Bild 55 dargestellten Ergebnisse zeigen, dass ähnlich zu den Versuchen in PC kein signifikanter Versatz der WEZ auftrifft und sie somit der WEZ in PC ähnelt. Des Weiteren findet mit Überschreitung der Schmelztemperatur eine Auflösung der Kristallstrukturen statt, sodass keine Lichtstreuung in diesem Bereich stattfindet. Ähnlich zu amorphen Kunststoffen existiert jedoch die Beschränkung, dass aufgrund der Wärmeakkumulation die Fügepartner identische Materialstärken haben sollten.

4.5 Bauteilspezifische Aspekte am Beispiel des Quasisimultanschweißens

4.5.1 Einfluss der Abkühlzeit

Bei der Erzeugung einer Schweißnaht wird auch das umliegende Material erwärmt. Dies wiederum kann die nachfolgenden eingebrachten Schweißnähte beeinflussen. Zum Beispiel kann in Bauteilen mit hohen Nahtdichten wie z.B. mikrofluidischen Chips die stattfindende Wärmeakkumulation zu einem Verzug des Bauteils oder zur Rissbildung führen. Durch die Berücksichtigung der Abkühlzeit nach der Erzeugung einer Schweißnaht können diese Effekte verringert werden. Um dies untersuchen zu können, werden zwei Schweißnähte im Abstand von 0,45 mm erzeugt. Hierbei wird die zweite Naht in einem zeitlichen Abstand von t_A = 0, 5, 15, 30 und 60 s generiert. Bild 56 zeigt die mikroskopischen Aufnahmen der WEZ für eine Abkühlzeit von t_A = 0 s und t_A = 60 s.

Bild 56: Mikroskopische Aufnahmen der WEZ bei einer Abkühlzeit von $t_A = 0$ s (links) und $t_A = 60$ s (rechts) ($P_L = 22{,}5$ W, $v_{Scan} = 450$ mm/s, n = 50).

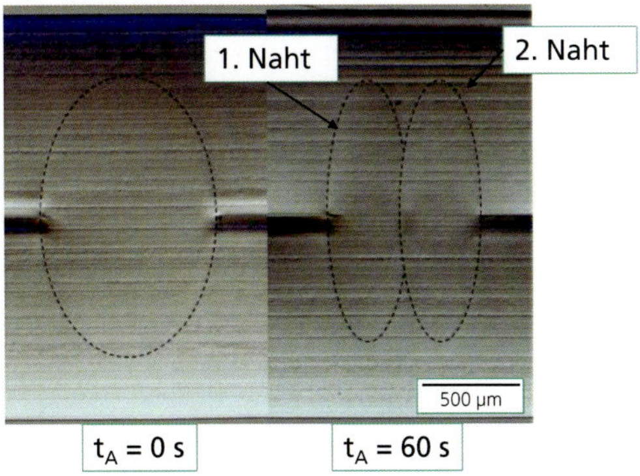

Bei einer Abkühlzeit von $t_A = 0$ s ist keine klare Grenze zwischen beiden WEZ zu erkennen, stattdessen entsteht eine einzelne WEZ. Der Grund hierfür ist, dass keine Abkühlung der Schmelze nach der Erzeugung der ersten Schweißnaht stattfindet und somit ebenfalls keine Erstarrung des Materials erfolgt. In Bild 56 rechts sind hingegen zwei getrennte WEZ bei einer Abkühlzeit von $t_A = 60$ s zu erkennen. Anders als im vorherigen Beispiel findet eine Erstarrung der Schmelze statt bevor die zweite Schweißnaht generiert wurde. Des Weiteren ist ein kleiner Überlapp zwischen beiden Nähten zu sehen. Die WEZ Maße werden gemessen und in Bild 57 dargestellt.

Bild 57: Die WEZ-Maße nach unterschiedlichen Abkühlzeiten t_A ($P_L = 22{,}5$ W, $v_{Scan} = 450$ mm/s, n = 50).

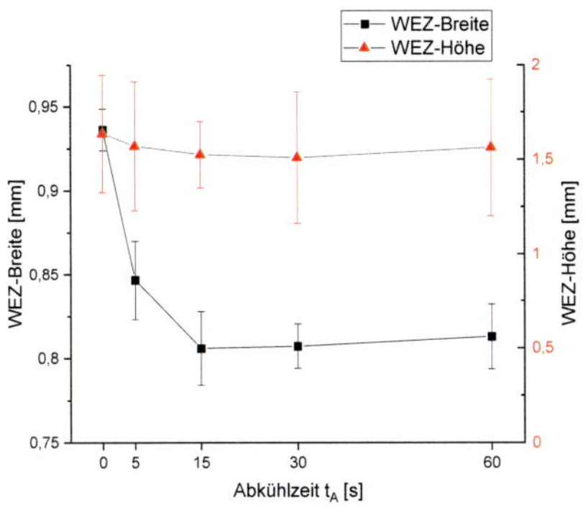

Die größte WEZ wird bei einer Abkühlzeit von $t_A = 0$ s erreicht mit einer Breite von 0,93 mm und einer Höhe von 1,63 mm. Bei einer Abkühlzeit von $t_A = 5$ s nimmt die WEZ-Breite auf 0,84 mm ab. Ab einer Abkühlzeit von $t_A = 15$ s erreicht die WEZ-Breite einen Grenzwert, ab dem keine weitere Abnahme erfolgt. Dies deutet darauf hin, dass die erste Schweißnaht nach t_A = 15 s vollständig erstarrt ist. Auf der anderen Seite wird die WEZ-Höhe nicht nennenswert durch die Abkühlzeit t_A beeinflusst, jedoch ist eine größere Abweichung der Werte im Vergleich zu der WEZ-Breite zu beobachten. Ein möglicher Grund für diese Beobachtung ist, dass aufgrund der Wärmeakkumulation eine höhere Temperatur in der Fügezone vorherrscht als außerhalb. Auch diffundiert mehr Wärme an den Außenflächen ab.

4.5.2 Einfluss des Nahtabstands

Wie im vorigen Kapitel gezeigt, kann eine thermische Wechselwirkung zwischen den Schweißnähten beobachtet werden. Findet unverzüglich eine Verschweißung von zwei nebeneinander liegenden Nähten statt, so führt die erhöhte Umgebungstemperatur zu einer Vergrößerung der WEZ. In der Praxis wird die Ausbildung der Schweißnaht neben der Abkühlzeit auch von dem Nahtabstand beeinflusst. Um diesen Einfluss zu untersuchen, werden acht Schweißnähte mit definierten Abständen Δy erzeugt. Der Abstand wird zwischen 1 mm und 1,9 mm variiert. Die folgende Abbildung (s. Bild 58) zeigt beispielhaft die WEZ für einen Nahtabstand von 1,6 mm.

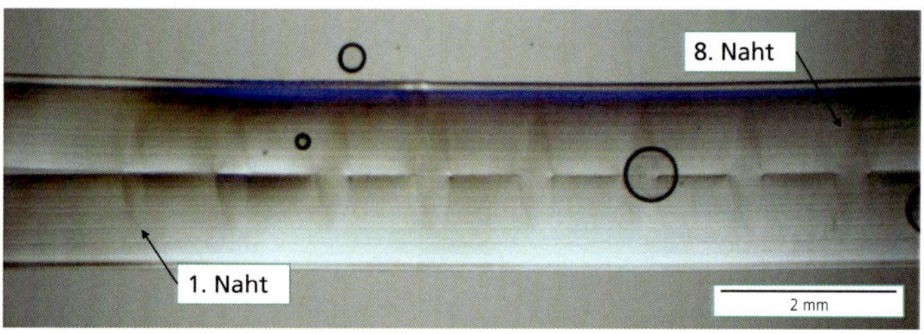

Bild 58: WEZ bei einem Nahtabstand von Δy = 1,6 mm. (P_L = 22,5 W, v_{Scan} = 450 mm/s, n = 50).

Die erste Naht hat die geringste WEZ-Breite und –Höhe, während die Maße mit den nachfolgenden Nähten steigen. Der Grund hierfür ist, dass zum Zeitpunkt des ersten Schweißprozesses die Materialtemperatur der Umgebungstemperatur entspricht. Der Schweißprozess führt zu einer Erwärmung des umliegenden Materials. Aufgrund der höheren Ausgangstemperatur wird eine höhere Temperatur in der zweiten Naht bei ansonsten konstanten Schweißparametern erreicht. Dies wiederum führt zu einer Vergrößerung der WEZ. Die gemessenen WEZ-Breiten für einen Nahtabstand von Δy = 1 mm, 1,3 mm, 1,6 mm und 1,9 mm werden in Bild 59 gezeigt.

Bild 59: Die Entwicklung der WEZ-Breite unter Variation der Nahtabstände Δy (P_L = 22,5 W, v_{Scan} = 450 mm/s, n = 50).

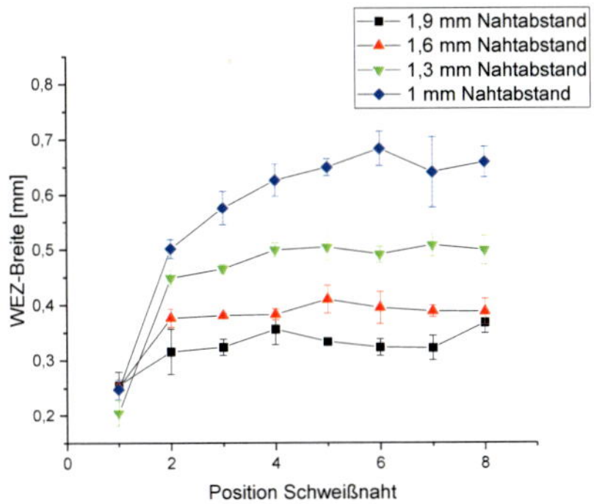

Bei allen Nahtabständen kann kein signifikanter Unterschied in der ersten WEZ-Breite identifiziert werden. Ab der zweiten Schweißnaht findet bei allen Nahtabständen eine Vergrößerung der WEZ-Breite statt. Der Anstieg fällt bei Δy = 1,9 mm am geringsten aus. Die erste Naht hat eine Breite von 0,255 mm und steigt bis auf 0,368 mm in der letzten Naht an. Dies entspricht einer Steigerung von 44,3%. Bei Δy = 1 mm ist der Anstieg hingegen am größten ist. Ausgehend von einer WEZ-Breite in Höhe von 0,248 mm findet ein Anstieg auf 0,659 mm in der letzten Schweißnaht statt. Die Steigerung beträgt folglich 165%. Werden die WEZ-Breiten der achten Schweißnaht für Δy = 1 mm und Δy = 1,9 mm verglichen, so ergibt sich eine Steigerung in Höhe von 80%. Der Grund hierfür ist, dass mit sinkendem Nahtabstand die Wechselwirkungseffekte zwischen den Nähten größer werden und die Materialtemperatur von der zweiten bis zur achten Schweißnaht steigt. Weiterhin ist erkennbar, dass die WEZ-Breiten sich einem Grenzwert annähern. Nach dem Grenzwert findet keine nennenswerte Steigerung mehr statt. Dieser Wert wird mit größerem Nahtabstand früher erreicht. Zum Beispiel wird der Grenzwert bei Δy = 1,6 mm und Δy = 1,9 mm ab der zweiten Schweißnaht erreicht. Bei Δy = 1,3 und Δy = 1 mm wird der Wert ab der vierten bzw. ab der sechsten Schweißnaht erreicht. Die gemessenen WEZ-Höhen sind in der folgenden Abbildung dargestellt (Bild 60).

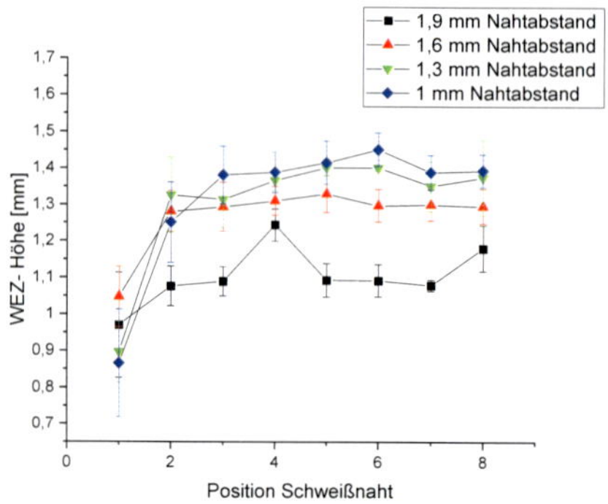

Bild 60: Die Entwicklung der WEZ-Höhe unter Variation der Nahtabstände Δy (P_L = 22,5 W, v_{Scan} = 450 mm/s, n = 50).

Der Nahtabstand übt einen ähnlichen Einfluss auf die WEZ-Höhe aus. Die WEZ-Höhe steigt mit abnehmenden Nahtabstand. Für einen Nahtabstand von 1,9 mm wird anfangs eine WEZ-Höhe von 0,97 mm gemessen. Bei der letzten Schweißnaht steigt die WEZ-Höhe auf 1,17 mm an, was einem Anstieg von 20% entspricht. Bei Δy = 1 mm findet ein Anstieg von 0,86 mm auf 1,39 mm statt, die Steigerung beträgt 61%. Wird jeweils die letzte Schweißnaht bei einem Abstand von 1 mm und 1,9 mm verglichen, so ergibt sich ein Anstieg in Höhe von 18%. Des Weiteren wird ebenfalls ein Grenzwert erreicht, dieser liegt für Δy = 1,3 mm, Δy = 1,6 mm und Δy = 1,9 mm bei der zweiten Schweißnaht. Für Δy = 1 mm wird der Grenzwert ab der dritten Schweißnaht erreicht. Die vorgestellten Ergebnisse zeigen, dass der Nahtabstand einen größeren Einfluss auf die Breite der WEZ ausübt als auf die Höhe. Auch unterliegt die WEZ-Höhe stärkeren Schwankungen, z.B. variiert die WEZ-Höhe bei der ersten Schweißnaht zwischen 0,85 und 1,05 mm. Auch fällt der Unterschied zwischen den Nahtabständen untereinander geringer aus, da die WEZ-Höhen bei Δy = 1 - 1,6 mm lediglich Werte zwischen 1,25 und 1,4 mm annehmen.

4.5.3 Segmentierung der Schweißnaht und Festlegung einer Bestrahlungsreihenfolge

Die bisherigen Ergebnisse zeigen, dass die WEZ maßgeblich von dem Nahtabstand sowie der Abkühlzeit beeinflusst wird. Für die Verschweißung an realen Bauteilen lassen sich diese Erkenntnisse nutzen und kombinieren, in dem eine Schweißkontur in mehrere Teilsegmente unterteilt wird. Durch eine Festlegung einer Bestrahlungsreihenfolge für alle Segmente kann somit eine gleichmäßige Verteilung der Wärme auf dem Bauteil sichergestellt werden. Eine Testkontur ist in der folgenden Abbildung (s. Bild 61) dargestellt. Es handelt sich um ein Quadrat mit dem Maßen 15 mm x 15 mm. Innerhalb des Quadrats werden neun waagerechte Nähte im Abstand von 1 mm eingebracht. Die waagerechten Linien sollen eine Verschweißung entlang von mikrofluidischen Kanalstrukturen nachbilden, welche mit Hilfe der senkrechten Linien für eine mediendichte Verkapselung geschlossen werden.

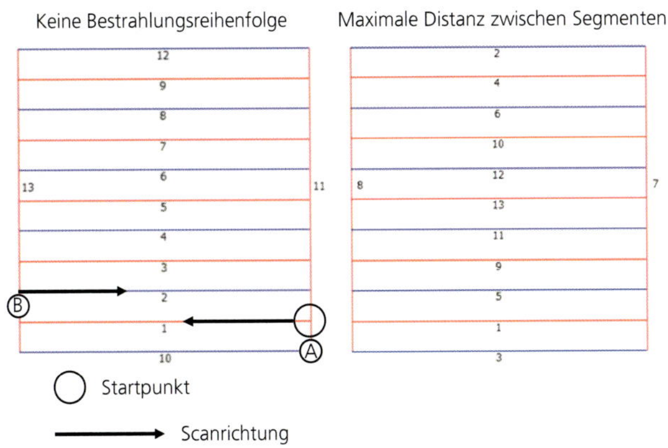

Bild 61: Die aus 13 Segmenten bestehende Testkontur mit keiner definierten Bestrahlungsreihenfolge (links) und mit einer maximalen Distanz zwischen den Segmenten (rechts).

Für den ersten Schweißprozess wird keine Bestrahlungsreihenfolge festgelegt, sodass die Segmente sequenziell verschweißt werden. Beim zweiten Durchgang wird nach der Verschweißung des ersten Segments das Segment ausgewählt, welches sich in maximaler Distanz zum ersten Segment befindet. Die sich hieraus ergebene Bestrahlungsreihenfolge kann anhand der Nummerierung eingesehen werden. Der Nachteil dieses Verfahrens ist jedoch, dass die Distanz mit jedem verschweißten Segment abnimmt. Segment 12 und 13 liegen beispielsweise direkt nebeneinander. Jedes Segment hat eine Länge von 15 mm. Als Schweißparameter wird eine Leistung von P_L = 28 W, eine Scangeschwindigkeit von v_{Scan} = 450 mm/s und n = 50 Überfahrten eingestellt. Die in Bild 61 unter A und B markierten Bereiche sind in Bild 62 als mikroskopische Aufnahme einsehbar.

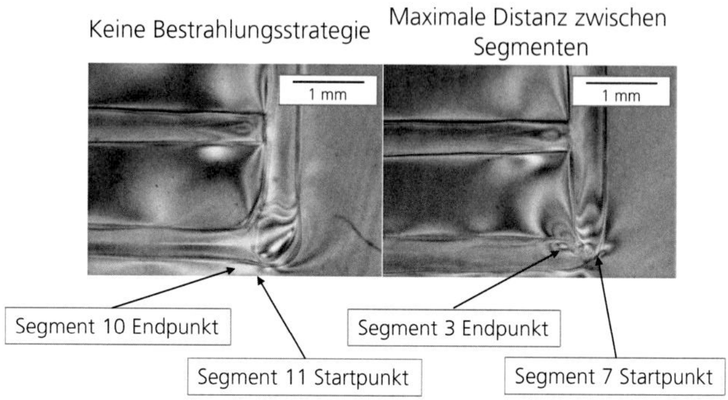

Bild 62: Bereich A: Mikroskopische Aufnahmen (Draufsicht) der Testkontur ohne Bestrahlungs-strategie (links) und mit maximaler Distanz zwischen den Segmenten (rechts). Ohne Bestrahlungsstrategi e ist eine lokale Nahtverdickung erkennbar.

Für den Fall, dass keine Bestrahlungsstrategie festgelegt wird, ist der Endpunkt eines Segments mit dem Startpunkt des darauffolgenden Segments verbunden (s. Bild 62 links). Durch die Wärmeakkumulation kommt es zu einer Verbreiterung des 11. Segments. Mit größerem Abstand zum Startpunkt nimmt die Nahtbreite wiederum wieder ab. Wird hingegen eine maximale Distanz zwischen den Segmenten eingehalten, ist keine Vergrößerung der Nahtbreite zu erkennen. Der Grund hierfür ist, dass die horizontale Naht an dritter Stelle verschweißt wird und die Verschweißung der vertikalen Naht erst an siebter Stelle erfolgt. Hierdurch kann eine Abkühlung des umliegenden Materials gewährleistet werden.

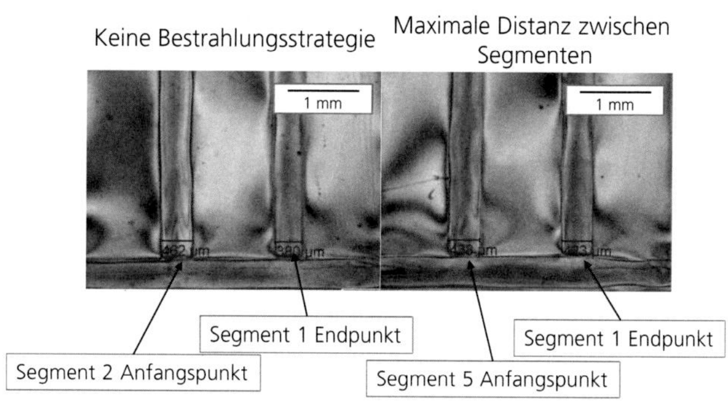

Bild 63: Bereich B: Mikroskopische Aufnahmen (Draufsicht) der Testkontur ohne Bestrahlungs-strategie (links) und mit maximaler Distanz zwischen den Segmenten (rechts). Ohne Bestrahlungsstrategi e ist eine höhere Nahtbreite erkennbar.

In Bereich B (s. Bild 63) beträgt die Distanz zwischen dem Endpunkt von Segment 1 und dem Startpunkt von Segment 2 insgesamt 1 mm. Wenn keine Bestrahlungsstrategie festgelegt wird, kommt es hier ebenfalls zu einer Verbreiterung von Segment 2. Die Breite beträgt 0,46 mm während Segment 1 eine Breite von 0,36 mm hat. Wird hingegen eine maximale Distanz zwischen den Segmenten gewählt, weisen beide Segmente eine ähnliche Breite auf. Diese beträgt 0,42 mm für Segment 1 und 0,43 mm für Segment 5.

Die Ergebnisse zeigen, dass mit einer Bestrahlungsstrategie eine gleichmäßige Verteilung der Wärme auf dem Testbauteil erzielt werden kann. Ferner kommt es zu einer zwischenzeitlichen Abkühlung des umgebenen Materials nach dem Verschweißen eines Segments, sodass die die Wechselwirkungseffekte zwischen enganliegenden Nähten vermieden und somit konstante Nahtbreiten erzielt werden. Der Nachteil der Bestrahlungsstrategie ist, dass die jeweilige Distanz zwischen zwei Segmenten mit fortschreitendem Schweißprozess geringer wird. Somit kann es sinnvoller sein, dass eine konstante Distanz zwischen zwei nacheinander verschweißten Segmenten gehalten wird anstelle der maximalen Distanz. Eine weitere Lösungsmöglichkeit bildet die automatisierte pyrometrische Prozessregelung, welche beim klassischen LDS seit vielen Jahren etabliert ist. Durch die Regelung der Laserleistung können lokale Wärmeansammlungen kompensiert und somit gleichmäßige Nahtbreiten sichergestellt werden.

4.6 Zusammenfassung

Die Aufschmelzung des Kunststoffs hängt maßgeblich von der bestrahlten Fluenz ab. Konnte die notwendige Fluenz für eine Aufschmelzung ermittelt werden, so kann durch eine Erhöhung der Strahlintensität die Mindestwechselwirkungszeit zwischen Laserstrahlung und Kunststoff verringert werden. Die Ergebnisse in Kapitel 4.2 zeigen, dass für eine Pulsdauer von t_P = 40 ms eine Strahlintensität von I = 1,07x10^{10} W/m² notwendig ist. Wird die Pulsdauer auf t_P = 5 ms verkürzt, steigt die benötigte Intensität auf I = 7,37x10^{10} W/m² an. Die Fluenz beträgt hingegen zwischen 7,37 – 8,55 J/cm². Die Bewertung der Simulationsergebnisse zeigt eine gute Übereinstimmung beim KS sowohl für PC als auch PP an. Beim QS sind hingegen Abweichungen erkennbar. Die Gründe liegen zum Teil an Vereinfachungen, welche an dem Modell vorgenommen wurden, um Rechenzeit zu sparen. Um das Simulationsmodell in Zukunft weiter zu verbessern, müssen die Materialdaten (z.B. Schmelztemperatur) unter Berücksichtigung der hohen Aufheizraten beim LDS ermittelt werden. Auch müssen die optischen Eigenschaften in Abhängigkeit der Materialtemperatur bestimmt werden.

Der Vergleich zwischen den beiden Bestrahlungsstrategien liefert folgende Ergebnisse:

- Beim KS können deutlich feinere Nahtstrukturen (50 – 150 µm) als beim QS erzielt werden, jedoch wird beim QS ein höheres Aspektverhältnis zwischen WEZ-Breite und -Höhe erzielt

- Die Aufschmelzung kann beim KS mit Hilfe einer Anpassung der Fokuslage gezielt in z-Richtung gesteuert werden, sodass auch Fügepartner mit unterschiedlichen Materialstärken (z.B. Folie auf Grundkörper) gefügt werden können. Beim QS befindet sich die WEZ aufgrund der Wärmeakkumulation hingegen in der Bauteilmitte

- Die Wärmeakkumulation ist auch der Grund, warum das Materialgefüge keinen signifikanten Einfluss auf die WEZ beim QS ausübt. Beim KS ist hingegen eine Verschiebung der WEZ in Richtung des oberen Fügepartners erkennbar

Die Ergebnisse zum QS lassen sich insbesondere für das Folienschweißen nutzen. Aufgrund der geringen Materialdicke ist eine Justage der Fokuslage beim KS nur mit hohem Aufwand möglich. Hinsichtlich der Energiedeposition ist das QS somit ein sich selbstkontrollierender Prozess, bei dem die WEZ stets in der Materialmitte ausgebildet wird. In zukünftigen Arbeiten kann es sinnvoll sein, ein kombiniertes Verfahren aus KS und QS zu entwickeln, um beide Vorteile zu verbinden. Hierbei wird der quasisimultanen Bestrahlung eine weitere Linearbewegung hinzugefügt, sodass auch größere Schweißkonturen abgefahren werden können. Beim klassischen QS wird die Schweißkontur hingegen durch die Größe des Scanfelds begrenzt.

Am Beispiel des QS wird weiterhin gezeigt, dass während des Schweißprozesses die Erwärmung der umliegenden Bereiche einen maßgeblichen Einfluss auf die WEZ-Geometrie ausübt. Liegen die Schweißnähte zu nah beieinander, kommt es zu Wechselwirkungseffekten, sodass die nachfolgenden WEZ-Geometrien bei gleichbleibenden Schweißparametern zunehmen. Dieser Effekt lässt sich kompensieren, indem nach der Verschweißung einer Naht eine Abkühlzeit eingehalten wird. Da dies in der Praxis nicht wirtschaftlich umsetzbar ist, kann die Festlegung einer Bestrahlungsstrategie sinnvoll sein. Beispielsweise kann nach der Verschweißung eines Segments das folgende Segment ausgewählt werden, welches eine maximale Distanz aufweist.

Um das absorberfreie LDS in der industriellen Fertigung etablieren können, muss die Energiedeposition im Kunststoff automatisiert kontrolliert und überwacht werden, um eine gleichbleibende Nahtqualität und homogene Nahteigenschaften sicherstellen zu können. Änderungen der Nahtqualität werden somit frühzeitig erkannt und es kann eine Anpassung der

Schweißparameter vorgenommen werden. Beim klassischen LDS werden üblicherweise pyrometrische Sensoren verwendet, welche die Temperaturentwicklung während des Schweißprozesses messen. Das pyrometrische Signal korreliert mit der Materialtemperatur, weshalb es für eine Regelung der Laserleistung genutzt werden kann. Aufgrund der einfachen Integration und der hohen Messgeschwindigkeit werden in Kapitel 5 ebenfalls Untersuchungen zu einer pyrometrischen Prozessüberwachung beim absorberfreien LDS durchgeführt und vorgestellt. In Kapitel 6 wird hingegen ein neuartiger Ansatz vorgestellt, bei dem der Schweißprozess mit Hilfe von visuellen Kamerasensoren aufgenommen und mittels Methoden der KI ausgewertet wird.

5 Berührungslose Temperaturmessung mittels Pyrometrie

5.1 Grundlagen der pyrometrischen Temperaturmessung

Beschädigungen eines Bauteils müssen während des Produktionsprozesses identifiziert und aussortiert werden. Im Falle des LDS sind dies z.B. eine thermische Schädigung der Schweißnaht, welche durch Verunreinigungen auf der Bauteiloberfläche oder in der Fügezone auftreten können. Andere Gründe sind z.B. Lufteinschlüsse oder Materialinhomogenitäten. Auch kann es durch Beschleunigungs- und Abbremsphasen, wie sie bei der Verschweißung von Ecken und Radien auftreten, zu einer lokalen Temperaturerhöhung kommen. Eine solche Schädigung des Nahtgefüges kann die Nahtfestigkeit negativ beeinträchtigen. Dies kann zu einem Ausfall des Bauteils während des Betriebs führen. Insbesondere in der Medizintechnik kann ein Ausfall des Bauteils gravierende Folgen für den Patienten haben. Aus diesem Grund ist eine Prozessüberwachung beim LDS von Kunststoffen zwingend notwendig. [45, 81–83]

Im Bereich des LDS bietet sich eine berührungslose Temperaturmessung an, diese kann entweder über eine Thermokamera erfolgen oder über einen pyrometrischen Sensor [5, 84]. Ein pyrometrischer Sensor misst die auftreffende Wärmestrahlung und wandelt diese in ein elektrisches Signal um. Da dieses Signal mit der Materialtemperatur korreliert, kann sie für eine Regelung der Laserleistung genutzt werden. Der Vorteil der pyrometrischen Temperaturmessung ist die einfache Integration in den Strahlengang des Lasers. Hierfür wird ein dielektrischer Spiegel, welcher in der Emissionslänge des Lasers transparent und für die Wärmestrahlung reflektierend ist, in den Strahlengang integriert. Die Laserstrahlung trifft auf das Werkstück und schmilzt den Kunststoff auf, während die emittierte Wärmestrahlung vom Sensor erfasst wird. Weitere Vorteile sind die zerstörungsfreie und schnelle Messung sowie die im Vergleich zur Thermokamera deutlich geringeren Anschaffungskosten. [5] Eine schematische Abbildung einer Schweißoptik mit integriertem Pyrometer ist für das KS in Bild 64 dargestellt.

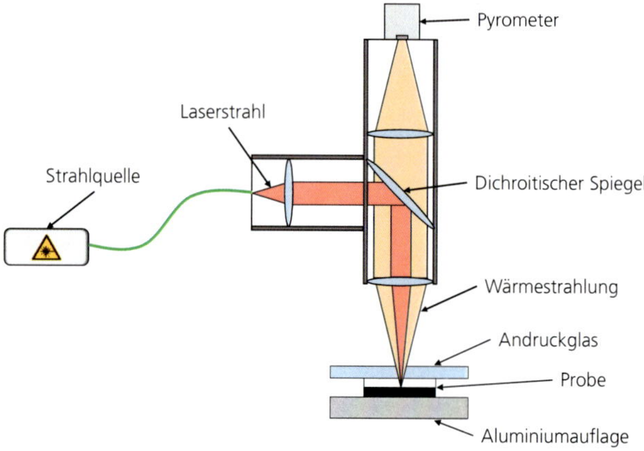

Bild 64: Koaxiale Integration eines Pyrometers in eine Schweißoptik beim LDS.

Beim klassischen LDS wird die pyrometrische Prozessüberwachung seit vielen Jahren wissenschaftlich untersucht. Wippo et al. untersucht z.B. den Versatz zwischen Mess- und Laserspot, welche auf Abbildungsfehler der optischen Komponenten zurückzuführen ist [82]. In weiteren Arbeiten wird der Einfluss eines Fügespalts oder elektrischer Leiterbahnen auf das Pyrometersignal beim QS untersucht, welche durch einen Signalanstieg identifiziert werden können. Das QS bietet den Vorteil, dass Fügespalte durch die thermische Expansion der Schmelze und den Schmelzfluss überbrückt werden können. Wird der Fügespalt vollständig überbrückt, fällt das Pyrometersignal wieder ab, sodass ein konstantes Signal entlang der Nahtkontur detektiert wird. [85–87] Martin et al. misst die emittierte Wärmestrahlung in verschiedenen Wellenlängenbereichen, um sowohl die Temperaturen in der Fügezone als auch im oberen Fügepartner zu erfassen. Hierbei wird angenommen, dass die Temperatur in der Fügezone höher ist als im oberen Fügepartner, sodass in der Fügezone überwiegend Wärmestrahlung in einem niedrigeren IR-Bereich emittiert wird. [84] In einer von Schmailzl et al. veröffentlichten Arbeit wird die Kaustik der emittierten Wärmestrahlung gemessen. Des Weiteren wird das Pyrometer kalibriert, indem die Strahlungsdämpfung des oberen Fügepartnern quantifiziert und der Emissionskoeffizient des unteren Fügepartners in Abhängigkeit des Rußanteils ermittelt wird. [83]

Der Hauptunterschied zwischen dem klassischen und absorberfreien LDS liegt in der Emissionswellenlänge der verwendeten Strahlquellen. Im Gegensatz zum klassischen LDS werden beim absorberfreien LDS Strahlquellen mit Emissionswellenlängen im Bereich $\lambda = 1600 - 2000$ nm verwendet, welche im Messbereich des Pyrometers liegen [45].

In einer von Mamuschkin et al. veröffentlichten Arbeit wurde eine pyrometrische Messung beim KS von PC mittels eines Diodenlasers mit einer Bearbeitungswellenlänge λ = 1680 nm untersucht. Es konnte gezeigt werden, dass eine alleinige spektrale Trennung der Wärme- und Laserstrahlung mit Hilfe eines Dichroitischen Spiegels nicht ausreicht, um die Wärmestrahlung während des Schweißprozesses zu messen. Der Grund hierfür ist, dass die emittierte Laserstrahlung um den Faktor 10^9 größer ist als die Wärmestrahlung. Hierdurch führt schon ein geringer Anteil an Streustrahlung zu einer Übersättigung des Pyrometers. Eine Lösungsmöglichkeit ist die weitere Trennung der Strahlungsanteile mit Hilfe des Multiplexverfahrens. Hierbei wird der Laser zeitlich moduliert betrieben und die Messung der Wärmestrahlung findet zwischen den Laserpulsen statt. Bei diesem Verfahren ist es notwendig, das ideale Verhältnis zwischen der Laserpuls- und Messdauer zu ermitteln. Je länger der Laserpuls ist, desto mehr Energie kann im Kunststoff deponiert werden, jedoch verkürzt sich hierdurch die Messzeit. Eine längere Messdauer führt hingegen zu einem besseren Messsignal, jedoch können bei einem zu geringen Laserpulsüberlapp Nahtunterbrechungen auftreten. Ein weiterer Aspekt sind mögliche Verbrennungen auf der Bauteiloberfläche, welche durch die hohen Pulsspitzenleistungen verursacht werden. [45]

Im Rahmen dieser Arbeit soll der vorgestellte Ansatz weiterentwickelt und auf das QS übertragen werden. Die Herausforderung besteht in einer ausreichenden Detektion der Wärmestrahlung. Der Grund liegt in der deutlich geringeren Scannerapertur im Vergleich zu der von Mamuschkin et al. verwendeten Festoptik. Während der in dieser Arbeit verwendete Scanner eine Apertur von A_S = 14 mm besitzt, weist die Festoptik eine Apertur von A_F = 50,8 mm auf. Da die gemessene Wärmestrahlung vom Quadrat des Radius der Apertur abhängt, ergibt sich folgender Faktor:

5.1 $$\frac{A_F}{A_S} = \frac{\pi * (25{,}4\, mm)^2}{\pi * (7\, mm)^2} = \frac{2026{,}8\, mm^2}{153{,}9\, mm^2} = 13{,}2$$

In der von Mamuschkin verwendeten Festoptik wird folglich eine 13,2-fach höhere Wärmestrahlung detektiert als beim Scanner. Ein weiterer Aspekt ist, dass ein Diodenlaser verwendet wurde. Durch die geringere Strahlqualität im Vergleich zum Faserlaser wird ein größerer Fokusdurchmesser w_0 erzeugt. Dieser beträgt 225 µm und ist somit 2,5-fach größer als der Fokusdurchmesser des im Rahmen dieser Arbeit verwendeten Versuchsaufbaus. Durch den größeren Fokusdurchmesser wird der Kunststoff in einem größeren Materialvolumen erwärmt, wodurch ebenfalls ein größerer Anteil Wärmestrahlung erzeugt und messtechnisch erfasst werden kann. Der Fokus der durchgeführten Arbeiten liegt auf dem QS. Für Arbeiten zur pyrometrischen Messung beim KS sei auf Maiwald und Mamuschkin verwiesen. [45, 88]

5.2 Berechnung der emittierten Wärmestrahlung und Einflussfaktoren auf das Pyrometersignal

Beim klassischen LDS wird die Strahlung hauptsächlich durch den absorbierenden Fügepartner in Wärme umgewandelt. Da das Emissionsverhalten des absorbierenden Fügepartners vereinfachend einem schwarzen Strahler entspricht (ε = 1), kann die spezifische Ausstrahlung mittels des Planckschen Strahlungsgesetzes:

5.2

$$M(\lambda,T) = \pi * L(\lambda,T) = \frac{2\pi hc^2}{\lambda^5} * \frac{1}{e^{\frac{hc}{\lambda kT}}-1}$$

beschrieben werden, wobei h das Plancksche Wirkungsquantum, c die Lichtgeschwindigkeit und k die Boltzmann Konstante sind [5, 45, 89]. Das Integral über die gesamte spektrale Bandbreite des Planckschen Strahlungsgesetzes ergibt das Stefan Boltzmann Gesetz:

5.3

$$M(T) = A_Q * \sigma * T^4$$

, wobei σ die Stefan-Boltzmann-Konstante und A_Q die Fläche der Wärmequelle sind [mm²]. Das Stefan Boltzmann Gesetz beschreibt die Wärmestrahlung in Abhängigkeit der Temperatur [45, 89]. Um das wellenlängenabhängige Maximum bestimmen zu können, muss die Ableitung der obigen Gleichung berechnet werden. Dies führt zum Wienschen Verschiebungsgesetz [45, 89]:

5.4

$$\lambda_{Max} = \frac{2897{,}8\mu mK}{T}$$

Gemäß dem Wienschen Gesetz verschiebt sich das Maximum des Wärmestrahlungsspektrums in Richtung kürzerer Wellenlängen mit steigenden Materialtemperaturen. Kunststoffe weisen im Allgemeinen Schmelztemperaturen im Bereich T_s = 150 – 450 °C auf. Die zugehörigen Wellenlängenmaxima liegen somit bei **λ** = 4000 – 6800 nm [5, 45].

In der Realität entspricht das Emissionsverhalten von dielektrischen Materialien einem grauen Strahler. Der Emissionskoeffizient ε hängt in diesem Fall vom Brechungsindex des Kunststoffs n_K [-] und dem Abstrahlwinkel θ [°] ab und ist definiert gemäß [89]:

5.5

$$\varepsilon(\theta,n_K) = \frac{2a(\theta,n_K) * \cos(\theta)}{(a(\theta,n_K) + \cos(\theta))^2} * \left[1 + \frac{n_K^2}{\left(a(\theta,n_K) * \cos(\theta) + sin^2(\theta)\right)^2}\right]$$

mit

5.6
$$a(\theta, n_K) = \sqrt{{n_K}^2 - sin^2(\theta)}$$

Ferner hängt in der Realität die vom Pyrometer detektierte Wärmestrahlung von dem erfassten Raumwinkel ab. Dieser wiederum wird zum einen von der Apertur der Optik bzw. des Scanners beeinflusst. Zum anderen hängt die Wärmestrahlung von dem Abstand zwischen der Optik und dem Werkstück ab. Je geringer der Abstand ist, desto größer ist der erfasste Raumwinkel und desto mehr Wärmestrahlung kann detektiert werden. Der restliche Anteil der Wärmestrahlung strahlt in die Umgebung ab und wird nicht messtechnisch erfasst. Unter Berücksichtigung der o.g. Randbedingungen kann eine präzisere Berechnung der emittierten Wärmestrahlung mit:

5.7
$$M_\beta = \int\int L(\lambda, T) * \varepsilon(\theta, n) dA_Q d\Omega$$

vorgenommen werden, wobei A_Q die Fläche der Wärmequelle [mm²] und Ω der Raumwinkel [sr] sind. Mit dΩ = dθdφ und dA_Q= dρdφ' und dem Einsetzen der Randbedingungen folgt:

5.8
$$M_\beta = \int_0^{2\pi}\int_0^{\rho}\int_0^{2\pi}\int_0^{\beta} L(\lambda, T) * \varepsilon(\theta, n) * \cos(\theta) * \sin(\theta) * \rho * d\theta d\varphi\, d\rho d\phi' M_\beta = \int\int L(\lambda, T) * \varepsilon(\theta, n) dA_Q d\Omega$$

Mit

5.9
$$L(\lambda, T) = \frac{2hc^2}{\lambda^5\left[e^{\left(\frac{hc}{\lambda k}\right)-1}\right]}$$

Zur Vereinfachung wird eine konstante Temperatur innerhalb des Radius der Wärmequelle ρ angenommen, wodurch ρ = konst. folgt. Nach dem Lösen der Integrale vereinfacht sich M_β zu:

5.10
$$M_\beta = 4\pi^2 * \frac{\rho_T}{2} * L(\lambda, T) * \int_0^{\beta} \epsilon(\theta, n) * \cos(\theta) * \sin(\theta)\, d\theta$$

Das Integral kann numerisch gelöst werden, sodass die wellenlängenabhängige Strahlungsleistung M_β [W/m] berechnet werden kann. Die gesamte emittierte Leistung kann über eine weitere Integration über die Wellenlänge berechnet werden. Für die pyrometrische Messung bleibt nur der Bereich zur Verfügung, bei dem der obere Fügepartner eine hinreichende Transmission aufweist. Bei den meisten Kunststoffen ist dies der Wellenlängenbereich λ = 1500 – 2200 nm.

Für die experimentellen Versuche in Kapitel 5.3 wird derselbe Versuchsaufbau wie beim QS verwendet (s. Kapitel 4.1.). Für die in Kapitel 4.3.1 durchgeführten

Versuche kann in Abhängigkeit der Schweißparameter eine emittierte Wärmestrahlung im Bereich $P_{Wärme} = 1{,}8\text{-}3{,}2 * 10^{-9}$ W ermittelt werden. Es sei jedoch darauf hingewiesen, dass bei der Kalkulation folgende Vereinfachungen vorgenommen wurden:

- Die Wärmequelle wird als zweidimensional angenommen
- Die Temperatur innerhalb der Wärmequelle wird als konstant angenommen

Die Simulationsergebnisse aus Kapitel 3.2 zeigen hingegen, dass die Wärmequelle die Form eines Ellipsoids besitzt und die Temperatur in Richtung der Randbereiche der Wärmequelle abnimmt.

Beim Durchgang der Wärmestrahlung in Richtung Pyrometer erfährt diese zudem eine spektrale Abschwächung aufgrund von Reflexion durch die optischen Komponenten, welche vom Schweißverfahren und dem Aufbau der Bearbeitungsoptik abhängt. Für den in Bild 64 dargestellten exemplarischen Aufbau wird die spektrale Dämpfung folgendermaßen:

5.11

$$M_{\beta,Sensor} = t_{GP} * t_{OF} * t_{FL} * t_{ST} * t_{FLP} * M_{\beta}$$

berücksichtigt, wobei t_{GP} die Transmission des Andruckglases [-], t_{OF} die Transmission des oberen Fügepartners [-], t_{FL} die Transmission der Fokussierlinse [-], t_{ST} die Transmission des Strahlteilers [-] und t_{FLP} die Transmission der Pyrometerlinse [-] ist. Idealerweise sollte der obere Fügepartner eine geringe Dicke und hohe Transmission aufweisen sowie amorph sein. Auch sind höhere Materialtemperaturen von Vorteil, da sich das Wellenlängenmaximum in Richtung kleinerer Wellenlängen verschiebt und somit ein stärkeres Signal messbar ist. Nach Russek existieren weitere Faktoren, welche das Temperatursignal beeinflussen [5]:

- die Ausdehnung der WEZ
- Ort und Temperaturverteilung des beobachteten Bereichs durch das Pyrometer sowie Kenntnis des emittierten spektralen Strahlungsflusses
- thermische Eigenschaften wie z.B. Wärmeleitung
- Signalverhalten in Abhängigkeit vom Restspalt
- Prozessparameter (z.B. Laserleistung und Vorschubgeschwindigkeit)

Eine höhere Ortsauflösung lässt sich erzielen, indem die Messfrequenz des Pyrometers erhöht wird. Umgekehrt führt eine geringere

Vorschubgeschwindigkeit bei sonst konstanter Messfrequenz ebenfalls zu einer höheren Ortsauflösung. [5]

5.3 Pyrometrische Prozessüberwachung beim absorberfreien LDS

5.3.1 Konzepte zur Trennung von Wärme- und Laserstrahlung und Vorstellung des Versuchsaufbaus

In vergangenen Arbeiten wurde ausschließlich eine spektrale Trennung der Wärme- und Laserstrahlung durch einen Dichroitischen Spiegel realisiert. Im Folgenden soll auch die Eignung einer geometrischen Trennung mittels eines Lochspiegels untersucht werden. Für die experimentellen Untersuchungen wird der Strahlteiler ausgewählt, welcher eine effizientere Teilung der Strahlungsanteile ermöglicht. Eine Zusammenfassung der beiden Konzepte zur Separierung von Laser- und Wärmestrahlung kann der folgenden Abbildung entnommen werden (s. Bild 65).

Bild 65: Die beiden Konzepte zur Separierung von Laser- und Wärmestrahlung mittels eines Dichroitischen Spiegels (links) und eines Lochspiegels (rechts).

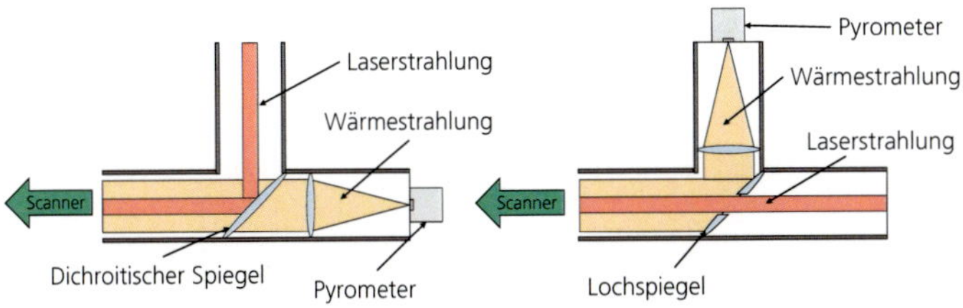

Als Dichroitischer Spiegel wird das Modell DMSB740B der Firma Thorlabs GmbH, Dachau, Deutschland verwendet. Die spektralen Eigenschaften sind in der folgenden Abbildung für den typischen Messbereich eines Pyrometers dargestellt (s. Bild 66).

Bild 66: Gemessene spektrale Eigenschaften des dichroitischen Spiegels.

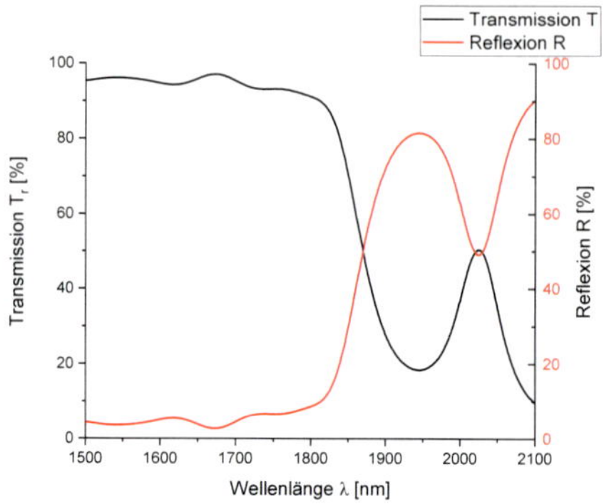

Es ist erkennbar, dass die Laserstrahlung bei λ = 1940 nm zu einem Anteil von ca. R = 90% reflektiert wird. Der restliche Anteil wird transmittiert und innerhalb der Pyrometeroptik absorbiert. Dies kann insbesondere bei höheren Leistungen zu einer Erwärmung der Optik führen. Der Großteil der Wärmestrahlung wird im Bereich λ = 1500 – 1700 nm transmittiert mit T_r > 90%. Ab λ > 1900 nm wird der Großteil der Wärmestrahlung in Richtung der Strahlquelle reflektiert und wird somit nicht vom Pyrometer erfasst. Es sei außerdem hierauf hingewiesen, dass die spektrale Dämpfung durch die restlichen optischen Komponenten sowie den oberen Fügepartner noch nicht berücksichtigt wurden.

Ferner wird zudem ein Spiegel mit einer elliptischen Bohrung betrachtet, welcher in einem Winkel von 45° zur Laserstrahlung geneigt ist und eine geometrische Trennung der Strahlanteile bewirkt. Der Laserstrahl kann den Spiegel ungehindert passieren und trifft auf das Werkstück auf. Die entstehende Wärmestrahlung wird, mit Ausnahme der Verluste durch die Bohrung, vollständig in Richtung Pyrometer reflektiert. Zur Auslegung der Bohrlochgröße des Spiegels wird folgende Berechnung durchgeführt. Der Rohstrahldurchmesser von w_0 = 5,5 mm wird beim Auftreffen auf den um 45° geneigten Spiegel in vertikaler Richtung gestreckt (s. Bild 67).

Bild 67: Streckung des Laserstrahls beim Auftreffen auf den Lochspiegel.

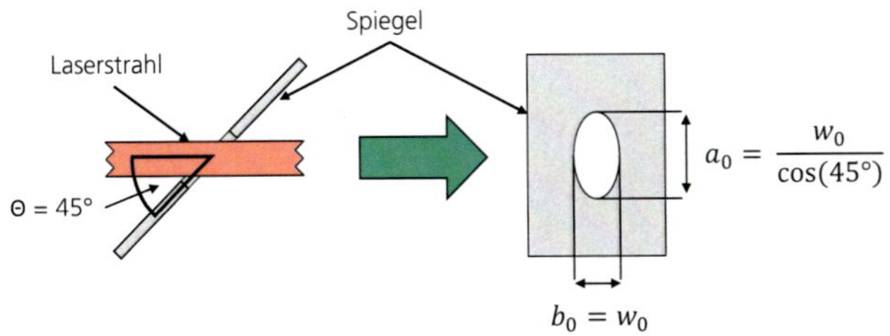

Seien a_0 die Höhe und b_0 die Breite der Ellipse des gestreckten Rohstrahldurchmessers. Für die Höhe a_0 ergibt sich:

5.12 $$a_0 = \frac{w_0}{\cos(45°)} = 5{,}5\, mm * \sqrt{2} = 7{,}78\, mm$$

Die Breite b_0 bleibt hingegen konstant:

5.13 $$b_0 = w_0 = 5{,}5\, mm$$

Der Strahlradius gibt den Abstand zur Strahlachse an, an dem die Intensität auf $1/e^2$ (≈13,5%) abgefallen ist. Innerhalb des Strahlradius befinden sich somit ca. 86,5% der Intensität. Dies bedeutet, dass bei der o.g. Bohrung ein restlicher Anteil der Strahlintensität abgeschattet wird. Des Weiteren kann eine Abschattung an der Hinterkante des Spiegels auftreten (s. Bild 67). Um dies zu vermeiden, werden die Bohrmaße nochmals erweitert mit:

5.14 $$a_{erw.} = \frac{a_0}{86{,}5} * 100 = 9\, mm$$

und

5.15 $$b_{erw.} = \frac{b_0}{86{,}5} * 100 = 6{,}4\, mm$$

Die Effizienz der Strahlteilung bzw. der Reflexionsgrad des Lochspiegels wird über das Verhältnis zwischen dem Flächeninhalt der Bohrung und der Apertur berechnet:

5.16 $$R_{Lochspiegel} = \left(1 - \frac{\pi * a_{erw.} * b_{erw.}}{\pi * r_{Apertur}^2 * 4}\right) * R_{Spiegel} = \left(1 - \frac{\pi * 9\, mm * 6{,}4\, mm}{\pi * (7\, mm)^2 * 4}\right) * 97{,}5\% = 70{,}61\%$$

Mit Hilfe der in Kapitel 5.2 vorgestellten Formeln kann die Wärmestrahlung berechnet werden (s. Bild 68), welche in Abhängigkeit des Strahlteilers vom Pyrometer erfasst wird. Es ist erkennbar, dass durch die geometrische Trennung der Strahlungsanteile mittels eines Lochspiegels ein höherer Anteil an Wärmestrahlung gemessen werden kann. Die spektrale Dämpfung des Andruckglases und der Pyrometerlinse werden ebenfalls berücksichtigt. Das Transmissionsspektrum der Pyrometerlinse kann dem Anhang (s. Kapitel 8.2) entnommen werden. Die optischen Eigenschaften des Andruckglases sind hingegen in Kapitel 3.1.4 dargestellt. Nicht berücksichtigt werden hingegen die Transmission der f-theta Linse und die Reflexion der Scannerspiegel. Der Grund hierfür ist, dass beide optische Komponenten speziell für das absorberfreie LDS beschichtet sind und somit die geringe spektrale Dämpfung vernachlässigbar ist.

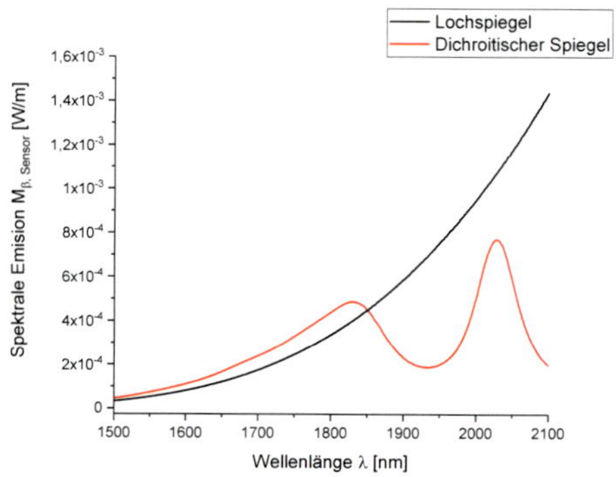

Bild 68: Die berechnete emittierte spezifische Ausstrahlung bei einer Verwendung des Dichroitischen Spiegels und des Lochspiegels.

Hieraus ergibt sich folgender Versuchsaufbau (s. Bild 69). Bei dem Pyrometer handelt es sich um das Modell PY211 mit einem Messbereich von λ = 1500 – 2100 nm. Die Ansteuerung des Pyrometers und die Auswertung des Signals erfolgen über einen Controller des Typs CU590 5P1S1L-X1. Die Messfrequenz des Pyrometers beträgt 100 kHz. Über den Controller kann die Modulationsfrequenz des Pyrometers und des Lasers eingestellt werden, sodass sichergestellt werden kann, dass eine Temperaturmessung zwischen zwei Laserpulsen stattfindet. Die verfügbaren Modulationsfrequenzen sind 320 Hz, 80 Hz und 20 Hz. Beide Einheiten werden von der Amtron GmbH, Aachen, Deutschland bereitgestellt.

Bild 69:
Schematische Abbildung des Versuchsaufbaus zur pyrometrischen Temperaturmessung.

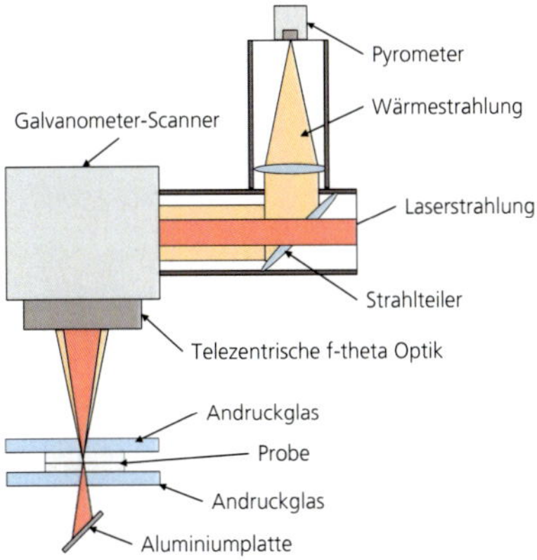

Die Probe wird zwischen zwei Andruckgläsern eingespannt. Die transmittierte Laserstrahlung trifft auf eine Aluminiumplatte auf, welche in einem Winkel von 45° aufgestellt ist. Hierdurch wird sichergestellt, dass die transmittierte Laserstrahlung nicht in Richtung des Pyrometers zurückreflektiert wird. Bei der Strahlquelle, f-theta Fokussieroptik und dem Scanner handelt es sich um dieselben Komponenten, welche in Kapitel 4.1 verwendet wurden.

5.3.2 Identifikation geeigneter Pulsparameter hinsichtlich der Signalstärke

Neben der Modulationsfrequenz wird das Messsignal auch durch das Delay des Pyrometers beeinflusst. Das Delay gibt die zeitliche Verzögerung der pyrometrischen Messung nach dem Ausschalten des Lasers an (s. Bild 70). Die Justierung des Delays ist notwendig, da der Laser beim Ausschaltvorgang noch Reststrahlung emittiert. Durch die Erhöhung des Delays kann sichergestellt werden, dass diese Reststrahlung nicht erfasst wird. Auf der anderen Seite verkürzt sich hierdurch die Messzeit des Pyrometers, sodass wiederum weniger Wärmestrahlung gemessen wird.

Bild 70: Darstellung des Delays des Pyrometersignals bei einer Modulationsfrequenz von 320 Hz.

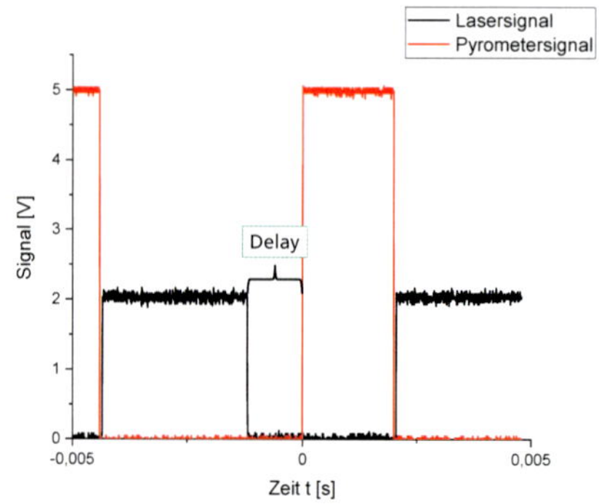

Für eine stabile und reproduzierbare Messung gilt es, das ideale Verhältnis zwischen der Signalstärke und dem Delay zu bestimmen. Hierfür werden mehrere Schweißnähte in PP erzeugt mit einer Vorschubgeschwindigkeit von v = 5 mm/s und einer Laserleistung von P_L = 17,6 W. Die Nahtlänge beträgt 5 mm. Das Pyrometersignal wird gemessen und gemittelt. Das Delay des Pyrometers wird schrittweise verkürzt, bis es zu einer Messung der Reststrahlung des Lasers kommt. Die Ergebnisse werden im Folgenden vorgestellt für die Modulationsfrequenzen $f_{Modulation}$ = 20 Hz, 80 Hz und 320 Hz (s. Bild 71).

Bild 71: Einfluss des Delays auf das Pyrometersignal in Abhängigkeit der Modulationsfrequenz.

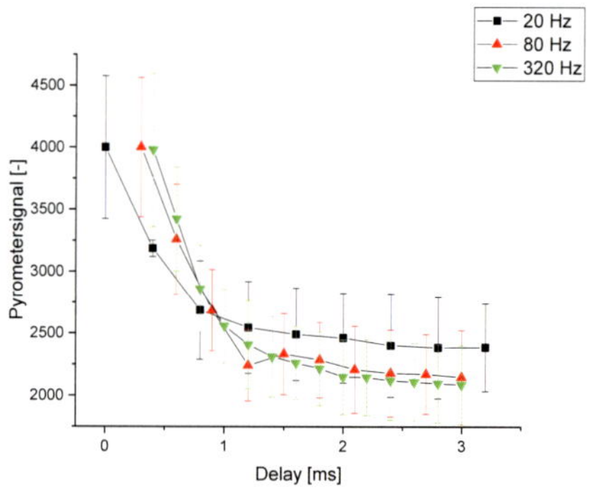

Zunächst ist erkennbar, dass die einstellbaren Delayzeiten von der Modulationsfrequenz abhängen. Dies ist durch die Funktionsweise des

Pyrometercontrollers bedingt, sodass z.B. mit kürzeren Modulationsfrequenzen auch kürzere Delayzeiten eingestellt werden können. Außerdem steigt die Messdauer mit niedrigerer Modulationsfrequenz an, sodass ein höheres Pyrometersignal gemessen wird.

Mit sinkendem Delay kann zunächst ein leichter Anstieg des Pyrometersignals beobachtet werden. Mögliche Gründe sind sowohl, dass durch die längere Messzeit auch mehr Wärmestrahlung erfasst werden kann als auch, dass schon ein kleiner Restanteil Laserstrahlung gemessen wird. Unterhalb eines Delays von 1,25 ms ist ein starker Anstieg zu verzeichnen, was darauf hindeutet, dass der Anteil an Laserstrahlung zunimmt. Unterhalb eines Delays von 0,6 ms liegt eine Übersättigung des Pyrometers vor, sodass in diesem Fall hauptsächlich Laserstrahlung gemessen wird. Es ist erkennbar, dass eine getrennte Betrachtung von Wärme- und Laserstrahlung beim LDS nicht möglich ist. Auch oberhalb eines Delays von 1,25 ms kann nicht vollständig ausgeschlossen werden, dass das Pyrometer einen kleinen Restanteil der Laserstrahlung misst. Für eine quantitative Bewertung des Pyrometersignals mit Hilfe des Signal-Rausch-Verhältnisses sollten das Lasersignal (s. Bild 70) und die Laserstrahlung gleichzeitig gemessen werden. Nach dem Abschalten des Lasersignals kann wiederum die abfallende Strahlungsleistung beobachtet werden, sodass der Zeitpunkt bestimmt werden kann, an dem keine Laserstrahlung mehr emittiert wird. Somit kann das notwendige Delay ermittelt werden. Realisiert wird dies, in dem der Kunststoff z.B. durch eine Aluminiumauflage ausgetauscht wird. Wichtig ist, dass das Aluminium keine glatte Oberfläche aufweist, da durch die Reflektion der Laserstrahlung das Pyrometer beschädigt werden kann. Trotz der im Vergleich zu den Kunststoffen hohen Wärmeleitfähigkeit des Aluminiums kann es auch hier zu einer schwachen Erwärmung bei einer Bestrahlung kommen, sodass auch in diesem Fall keine reine Laserstrahlung gemessen wird.

Ein möglicher Lösungsansatz ist die Kalibration des Pyrometers, bei der zunächst die Einspannvorrichtung ohne Kunststoffprobe bestrahlt wird. Die hierbei gemessene Wärmestrahlung dient als Basislinie für die Kalibration. Im zweiten Schritt wird der Vorgang wiederholt, wobei dieses Mal eine Kunststoffprobe eingespannt wird. Mit Hilfe der zuvor ermittelten Basislinie kann somit die vom Kunststoff emittierte Wärmestrahlung berechnet werden. Ferner erlaubt diese Methode die Bewertung des Pyrometersignals mit Hilfe des Signal-Rausch-Verhältnisses. Es sei jedoch darauf hingewiesen, dass für die Kalibration folgende Aspekte berücksichtigt werden müssen:

- Bei der Ermittlung der Basislinie wird aufgrund der fehlenden Absorption der Laserstrahlung im Kunststoff das untere Andruckglas stärker erwärmt
- Die von dem unteren Andruckglas emittierte Wärmestrahlung erfährt keine spektrale Dämpfung durch den Kunststoff

- Das Entfernen des Kunststoffs führt zu einer Verschiebung der Fokuslage

Die obengenannten Faktoren beeinflussen das Pyrometersignal, sodass für die Ermittlung der Basislinie eine Anpassung der Laserleistung und der Fokuslage notwendig ist. In zukünftigen Arbeiten sollte die Möglichkeit einer Kalibration tiefergehend untersucht werden. Zur besseren Quantifizierung der Wärmestrahlung können z.B. die Ergebnisse der thermischen Simulation verwendet werden. Für die Versuche in den folgenden Kapiteln wird eine Modulationsfrequenz von $f_{Modulation}$ = 320 Hz verwendet, da durch die hohe Abtastrate eine hohe Messpräzision erzielt wird

5.3.3 Einfluss der Einspannvorrichtung auf das Pyrometersignal

Um den Einfluss des oberen Andruckglases auf das Messignal untersuchen zu können, wird zunächst eine Schweißnaht in PP mit einer Länge von 10 mm mit P = 37,4 W und v = 32 mm/s erzeugt. Im nächsten Schritt wird der Versuch wiederholt, wobei das Andruckglas entfernt wird. Die Probe liegt auf einer Maske auf. Im bestrahlten Bereich befindet sich auf der Maske eine Aussparung, sodass sich unterhalb des unteren Fügepartners Luft befindet. Die gemessene Temperatursignal sowie die Konfiguration der Einspannvorrichtung sind in Bild 72 dargestellt.

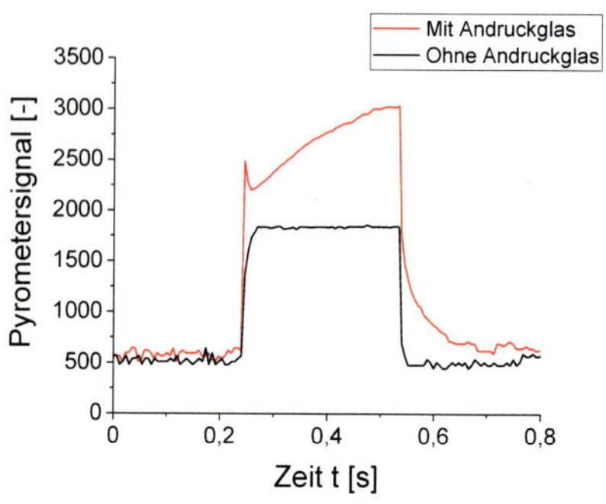

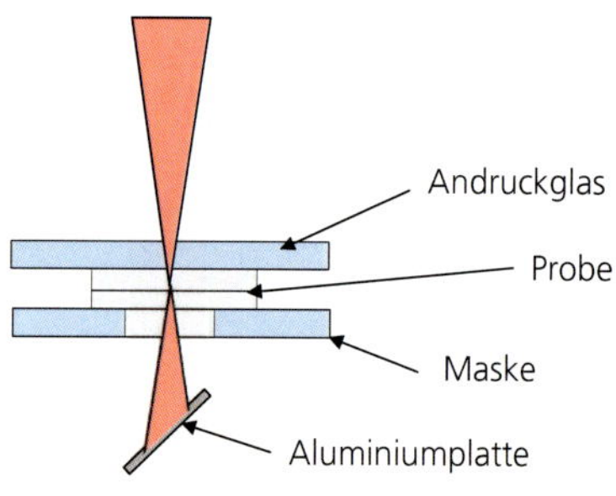

Bild 72: Links: Einfluss des Andruckglases der Einspannvorrichtung auf das Pyrometersignal. P = 37,4 W, v = 32 mm/s. Rechts: Konfiguration der Einspannvorrichtung.

Die Ergebnisse zeigen, dass ohne das Andruckglas ein nahezu konstantes Messsignal empfangen wird, was auf eine gleichmäßige Erwärmung des Kunststoffes beim Verfahren des Laserstrahls schließen lässt. Dies entspricht ebenfalls den Ergebnissen beim klassischen LDS. Wird hingegen ein Andruckglas verwendet, so kann ein Anstieg des Messsignals mit fortschreitender

Schweißdauer beobachtet werden. Des Weiteren ist ein Peak am Anfang des Schweißprozesses sowie eine längere Abkühlzeit nach dem Schweißprozess erkennbar. Wie in Kapitel 5.2 vorgestellt wurde, wird das Pyrometersignal von einer Vielzahl an Faktoren beeinflusst. Eine Erklärungsmöglichkeit für den Peak ist, dass zwischen dem oberen Fügepartner und dem Andruckglas ein Luftspalt vorhanden ist. Dies kann dadurch verursacht werden, wenn die Spannvorrichtung nicht perfekt schließt. In der Praxis übt dies beim Schweißen von Flachproben keinen nennenswerten Einfluss auf das Ergebnis aus. Da die Kunststoffprobe immer in derselben Position eingespannt wird, lässt sich der Peak reproduzierbar messtechnisch erfassen. Ferner ist davon auszugehen, dass der Luftspalt durch die Expansion der Schmelze kurz nach Schweißbeginn geschlossen wird. Durch die Verwendung von drucksensitiver Folie kann die obige Annahme überprüft werden.

Aufgrund der schwachen Strahlfokussierung wird bei den o.g. Versuchsparametern die Oberfläche des oberen Fügepartners ebenfalls aufgeschmolzen, was zu einer Erwärmung des Andruckglases durch Wärmeleitung führt. Ferner wird ein Teil der Laserstrahlung durch das Andruckglas absorbiert. Mit fortschreitender Schweißdauer wird das Andruckglas weiter erwärmt, was zu einem Anstieg des Messsignals führt. Es ist davon auszugehen, dass bei längeren Schweißnähten das Pyrometersignal mit fortschreitender Schweißdauer einen konstanten Wert annimmt. Nach dem Schweißprozess verfahren die Scannerspiegel zurück in ihre Nullposition. Auf dem Scanfeld befindet sich die Nullposition außerhalb der Schweißnaht, sodass ohne das Andruckglas keine Wärmestrahlung mehr erfasst wird. Durch die Verwendung des Andruckglases wird dieses ebenfalls erwärmt. In der Nullposition der Scannerspiegel wird somit weiterhin der Abkühlprozess des Andruckglases gemessen.

Im nächsten Schritt wird das obere Andruckglas entfernt und es werden Versuche mit einer Auflage aus Aluminium, Glas sowie mit einer Maske durchgeführt (s. Bild 73). Bei der Maske befindet sich im bestrahlten Bereich eine Aussparung, sodass sich unterhalb des unteren Fügepartners Luft befindet.

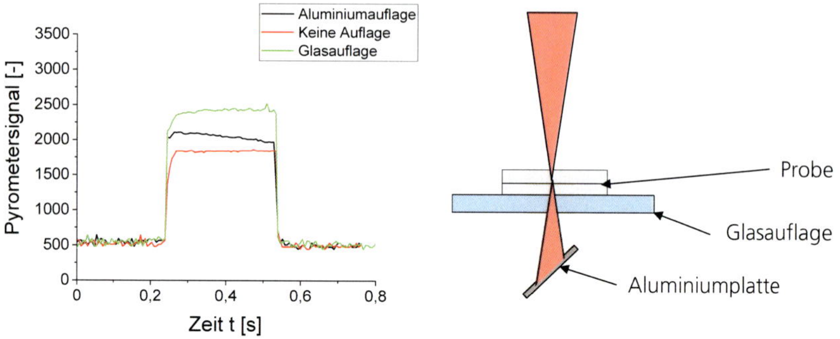

Bild 73: Links: Einfluss der Auflage der Einspannvorrichtung auf das Temperatursignal. P = 37,4 W, v = 32 mm/s. Rechts: Konfiguration der Einspannvorrichtung mit einer Glasauflage als Beispiel.

Das höchste Pyrometersignal wird erzielt, wenn sich unterhalb des bestrahlten Bereichs die Glasauflage befindet. Ähnlich zum Andruckglas findet im Glas eine Erwärmung durch Strahlungsabsorption statt und Wärmeleitung über den Kunststoff statt. Warum im Gegensatz zum Andruckglas kein Anstieg des Signals beobachtet werden kann, lässt sich nicht vollständig quantitativ ermitteln. Mögliche Gründe sind, dass durch die Strahlungsabsorption und Lichtstreuung im Kunststoff nur eine geringe Strahlintensität auf die Glasauflage auftrifft. Weiterhin erfährt die im Glas emittierte Wärmestrahlung eine spektrale Dämpfung durch den Kunststoff. Werden die Schweißversuche mit einer Aluminiumauflage durchgeführt, wird ein geringeres Pyrometersignal gemessen. Zwar wird ein Großteil der Laserstrahlung von der Aluminiumauflage diffus zurückreflektiert, jedoch kann durch das Aluminium auch mehr Wärme abgeführt werden. Zudem kann mit fortschreitender Schweißdauer eine Abnahme des Signals beobachtet werden. Eine Erklärungsmöglichkeit ist, dass sich die Probe aufgrund der diffusen Reflektion in einem großen Bereich erwärmt. Hierdurch verschiebt sich das Temperaturmaximum in Strahlpropagationsrichtung. Das niedrigste Signal wird erfasst, wenn sich oberhalb und unterhalb der Probe Luft befindet. Hier wird lediglich die emittierte Wärmestrahlung im Kunststoff messtechnisch erfasst.

Die vorgestellten Ergebnisse verdeutlichen, dass die Art und Konfiguration der Einspannvorrichtung einen maßgeblichen Einfluss auf das Pyrometersignal ausübt. Insbesondere die Erwärmung des Andruckglases bewirkt einen Signalanstieg. Im nächsten Schritt soll das Pyrometersignal beim QS aufgenommen und ausgewertet werden.

5.3.4 Pyrometrische Prozessüberwachung beim Quasisimultanschweißen

Im Folgenden werden Versuche zum QS in PP durchgeführt mit v_{Scan} = 64 mm/s und P = 6,6 W. Ausgehend von n = 30 wird die Anzahl der Überfahrten bis auf n = 150 erhöht bei sonst konstanten Schweißparametern. Die Nahtlänge beträgt 15 mm. Bild 74 zeigt das Pyrometersignal sowie die korrespondierende mikroskopische Aufnahme der WEZ. Nach einem anfänglichen Anstieg fällt das Pyrometersignal mit steigender Anzahl an Überfahrten ab. Erst ab n > 30 kann wieder ein Signalanstieg beobachtet werden. Dies steht zunächst im Widerspruch zu den Simulationsergebnissen in Kapitel 3.2, da das Simulationsmodell einen Temperaturanstieg mit steigender Anzahl an Überfahrten n vorhersagt. Bestätigt wird dies ferner durch die mikroskopischen Aufnahmen der WEZ, welche eine Vergrößerung mit steigender Anzahl an Überfahrten n zeigen.

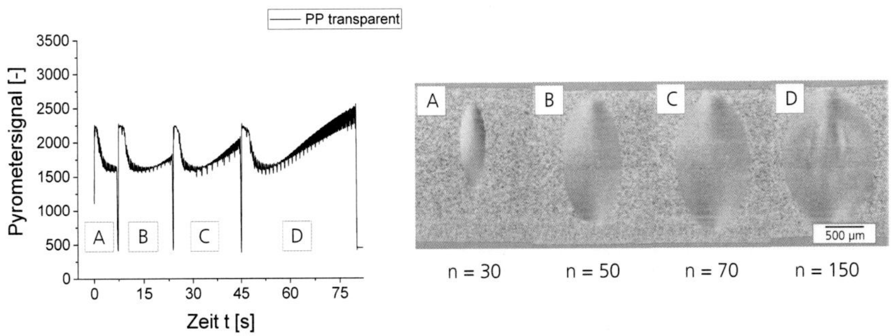

Bild 74: Gemessenes Temperatursignal für verschiedene Anzahl an Überfahrten n. P = 6,6 W, v_{Scan} = 64 mm/s, n = 30, 50, 70, 150.

Der Grund für diese Beobachtung liegt in der Verschiebung des Temperaturmaximums T_{Max} mit fortlaufender Schweißdauer. Wie bereits in Bild 33 (s. Kapitel 3.2) gezeigt, verschiebt sich das Temperaturmaximum aufgrund der Wärmeakkumulation mit steigender Anzahl an Überfahrten n in Richtung Probenmitte. Wird die Probenmitte erreicht, findet keine Verschiebung des Temperaturmaximums mehr statt. Durch die Verschiebung von T_{Max} muss die emittierte Wärmestrahlung einen weiteren Weg durch den Kunststoff zurücklegen und sie erfährt eine stärkere spektrale Dämpfung durch Absorption und Streuung. Ein weiterer Faktor ist die Abnahme der gemessenen Strahlintensität aufgrund des größeren Abstands zwischen dem pyrometrischen Sensor und der Wärmequelle. Diese Effekte kompensieren das steigende Pyrometersignal durch die höhere Materialtemperatur, wodurch insgesamt eine Abnahme des Pyrometersignals beobachtet werden kann. Das Pyrometersignal deutet darauf hin, dass sich das Temperaturmaximum ab n = 30 in der Probenmitte befindet. Im Anschluss wird nur noch die steigende

Materialtemperatur erfasst, wodurch es zu einer Zunahme des Pyrometersignals führt.

Die Abhängigkeit des Pyrometersignals von der Position des Temperaturmaximums kann auch beim KS beobachtet werden. Maiwald et al. konnten zeigen, dass das Pyrometersignal bei einer Verschiebung der Fokuslage in Richtung des unteren Fügepartners abnimmt [88].

Bild 75: Vergleichsmessung an einem schwarzen Kunststoff bei verschiedenen Anzahl an Überfahrten n. P = 2,5 W, v_{Scan} = 64 mm/s, n = 30, 50, 70, 150.

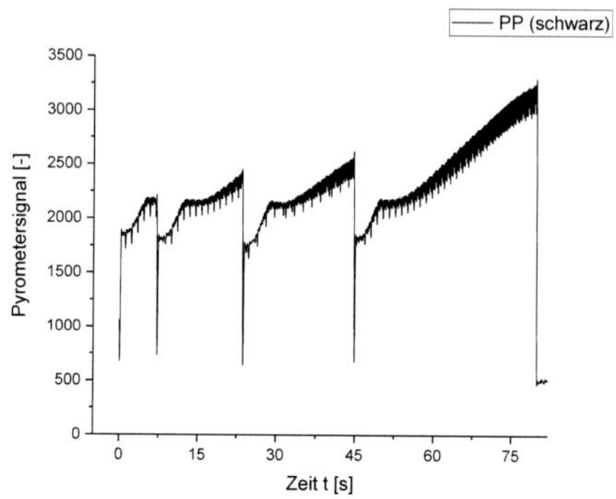

Einen weiteren Beweis liefert eine quasisimultane Bestrahlung eines schwarzen Kunststoffes. Hierfür werden die vorherigen Versuche mit einem schwarzen PP wiederholt bei einer angepassten Leistung von P = 2,5 W. Da die auftreffende Laserstrahlung nahezu vollständig auf der Probenoberfläche absorbiert wird, findet keine nennenswerte Verschiebung von T_{Max} in Richtung Probenmitte statt. In diesem Fall ist erkennbar, dass das Pyrometersignal zunächst ansteigt und dann ein Plateau erreicht. Bei einer weiteren Bestrahlung des Kunststoffes kann dann ein weiterer Anstieg des Signals beobachtet werden (s. Bild 75).

Die Ergebnisse zeigen, dass eine Leistungsregelung beim QS nicht umsetzbar ist, da im Gegensatz zum KS kein konstantes Pyrometersignal vorliegt, welches als Führungsgröße in einem Regelkreis genutzt werden kann. Das Pyrometersignal kann jedoch genutzt werden, um den Zeitpunkt zu erkennen, an dem sich T_{Max} in der Bauteilmitte befindet. Falls zwei Fügepartner mit derselben Materialstärke verschweißt werden, liegt somit T_{Max} bzw. die maximale WEZ-Breite in der Fügezone. Hierdurch kann eine reproduzierbare Positionierung der WEZ-Breite und somit eine stabile Verbindung sichergestellt werden. Der Schweißprozess kann beendet werden, sobald eine Steigerung des Pyrometersignals stattfindet.

5.4 Zusammenfassung

Da beim absorberfreien LDS die Emissionswellenlänge des Thulium-Faserlasers im Messbereich des Pyrometers liegt, ist eine Messung im Multiplexverfahren notwendig. Hierbei wird der Laser zeitlich moduliert betrieben, während die Wärmestrahlung zwischen den Pulsen gemessen wird. Für die Trennung von Laser- und Wärmestrahlung bietet sich eine geometrische Trennung mit Hilfe eines Lochspiegels an. Ein Vergleich mit einem kommerziell verfügbaren dichroitischen Spiegel zeigt, dass mit Hilfe des Lochspiegels ein höherer Anteil an Wärmestrahlung erfasst werden kann. Alternativ können spezielle, auf das absorberfreie LDS angepasste, dichroitische Spiegel verwendet werden. Dem Vorteil einer effizienteren spektralen Trennung stehen jedoch deutlich höhere Anschaffungs- und Fertigungskosten gegenüber. Die experimentellen Versuche ergeben folgende Erkenntnisse:

- Durch die Justage des Delays kann sichergestellt werden, dass keine Laserstrahlung erfasst wird. Gleichzeitig wird jedoch die Messzeit des Pyrometers verkürzt, sodass weniger Wärmestrahlung gemessen wird.

- Die Art und Konfiguration der Spannvorrichtung beeinflusst maßgeblich die Strahlpropagation und somit das Pyrometersignal. Beispielsweise bewirkt eine Aluminiumauflage eine Rückreflexion der Laserstrahlung, während bei einer Glasauflage die Laserstrahlung überwiegend transmittiert wird. Auch beeinflusst die Wärmeleitfähigkeit der verwendeten Materialien das Pyrometersignal.

- Beim QS verschiebt sich das Temperaturmaximum mit steigender Anzahl an Überfahrten in Richtung Bauteilmitte. Dies zeigt sich anhand eines Abfalls des Pyrometersignals, da die emittierte Wärmestrahlung bei der Propagation durch den Kunststoff eine stärkere spektrale Dämpfung erfährt. Erreicht das Temperaturmaximum die Bauteilmitte, wird mit weiterer Schweißdauer wiederum ein Anstieg des Pyrometersignals gemessen.

Die pyrometrische Messung beim QS lässt sich somit nutzen, um den Ort des Temperaturmaximums zu bestimmen. Hierdurch können eine Sicherstellung der Schweißung sowie eine reproduzierbare Positionierung der Schweißnaht im Materialinneren sichergestellt werden. Der Nachteil der Pyrometrie ist die zeitlich und örtlich integrierte Messung. Eine thermische Schädigung des Kunststoffes wird zwar mittels eines Signalpeaks erfasst, jedoch sind die Art und die Größe der thermischen Beschädigung unbekannt. Einen Lösungsansatz bildet die automatisierte Auswertung von Kameradaten mit Hilfe von Deep Learning Algorithmen, welche im nächsten Kapitel vorgestellt wird.

6 Prozessbeobachtung und –analyse mittels Deep Learning Algorithmen

6.1 Einleitung

Beim LDS wird als Prozessüberwachung überwiegend die kontaktlose Temperaturmessung mittels Pyrometrie verwendet. Neben den geringen Anschaffungskosten ist die schnelle Messung ein entscheidender Vorteil, weshalb dieses Verfahren auch für das QS geeignet ist. [7, 83, 86].

Die Ergebnisse in Kapitel 5 zeigen jedoch auch die Schwächen der Pyrometrie auf. Das pyrometrische Messsignal ist lediglich ein qualitatives Maß für die Temperatur. Ferner wird spektral und räumlich integriert gemessen, sodass keine Rückschlüsse auf die räumliche Verteilung der Temperatur gezogen werden kann. Dies führt dazu, dass die Entstehung einer thermischen Schädigung des Bauteils als Signalpeak erfasst wird, jedoch können keine Rückschlüsse gezogen werden, um welche Art von thermischer Schädigung es sich handelt. Auch sind nicht die Gründe bekannt, welche die Schädigung verursachen. Beispielsweise kann es zu Schäden aufgrund von Verunreinigungen auf der Bauteiloberfläche, eines Fügespalts oder durch eine zu hohe Laserleistung kommen. Neben Verbrennungen führt auch eine Blasenbildung zu einer negativen Beeinträchtigung der Schweißnaht. Bei einer Blasenbildung kann ggfs. die Dichtigkeit der Naht nicht mehr sichergestellt werden oder es droht ein frühzeitiges Versagen der Schweißnaht. Ein weiterer Aspekt ist, dass bei kleineren Laserspotdurchmessern aufgrund des geringen Schmelzevolumens nur ein geringer Anteil an Wärmestrahlung emittiert wird. Dieser wird des Weiteren durch diverse optische Komponenten spektral gedämpft, weshalb die Detektion der Wärmestrahlung anspruchsvoller wird, je kleiner die Schweißnaht ist.

Ein neuer Ansatz zur Prozessüberwachung stellt das Gebiet des Computer Visions dar. Durch die Nutzung von künstlicher Intelligenz (KI) können heutzutage Bilder oder Objekte, welche mit Hilfe von Kameras aufgenommen werden, automatisiert identifiziert und klassifiziert werden. Zum Einsatz kommen z.B. mehrschichtige Neuronale Netze (NN), auch Deep Learning Algorithmen genannt, welche imstande sind, in großen Datenmengen Muster und Zusammenhänge zu erkennen und diese auszuwerten. [90] Anwendungsgebiete des Computer Visions sind beispielsweise die Objekt- oder Gesichtserkennung [91, 92], das Autonome Fahren [93] oder die Tumorerkennung in der medizinischen Diagnostik [94–96]. Dank der zunehmenden Rechenleistung sowie neuer Entwicklungen im Bereich KI können moderne Deep Learning Algorithmen mit menschlichen Fähigkeiten konkurrieren oder diese sogar übertreffen [90]. Sie sind somit imstande, die Arbeiten des Maschinenbedieners zu übernehmen und bilden einen wichtigen Baustein für eine vollautomatisierte und intelligente Produktion.

Im folgenden Kapitel wird eine Prozessanalyse für das KS basierend auf Deep Learning Algorithmen implementiert, welche auf vorherigen Arbeiten von Knaak et al. im Bereich Laserschweißen von Metallen basiert [97]. Hierfür wird eine Kamera koaxial in den Strahlengang der Bearbeitungsoptik integriert und es werden Aufnahmen des Schweißprozesses bei unterschiedlichen Schweißparametern durchgeführt. Neben Schweißversuchen mit intakten Schweißnähten werden gezielt thermische Schäden im Bauteil erzeugt. Als Analysemethode wird die Semantische Segmentierung angewandt. Hierbei wird jedes Bildpixel ausgewertet und einer eingangs definierten Klasse zugewiesen. Somit können sowohl die Schweißnaht als auch Schäden im Bauteil im Kamerabild identifiziert und ausgewertet werden. Im Gegensatz zur Pyrometrie kann somit eine ortsaufgelöste Messung vorgenommen werden. Auch ist es möglich, eine Unterscheidung zwischen den Schadensmechanismen Verbrennung und Blasenbildung vorzunehmen. Für eine allgemeine Einführung in die Funktionsweise eines Neuronalen Netzes (NN) sei auf Kapitel 8.4 im Anhang verwiesen.

6.2 Faltungsbasierte Neuronale Netze

Faltungsbasierte Neuronale Netze (engl. Convolutional Neural Networks, CNN) sind an den visuellen Cortex des menschlichen Gehirns angelehnt und werden seit den 80er Jahren erforscht. Erst mit der Entwicklung höherer Rechenleistungen konnten sich diese jedoch in der Praxis etablieren. Seitdem werden sie in vielfältigen Anwendungen (z.B. Gesichts- und Objekterkennung) genutzt und rücken immer weiter in den Fokus von Forschung und Industrie. [90, 98] Ein CNN besteht klassischerweise aus Faltungs- und Poolingschichten sowie aus vollständig verbundenen Schichten. Diese werden im Folgenden vorgestellt (s. Bild 76).

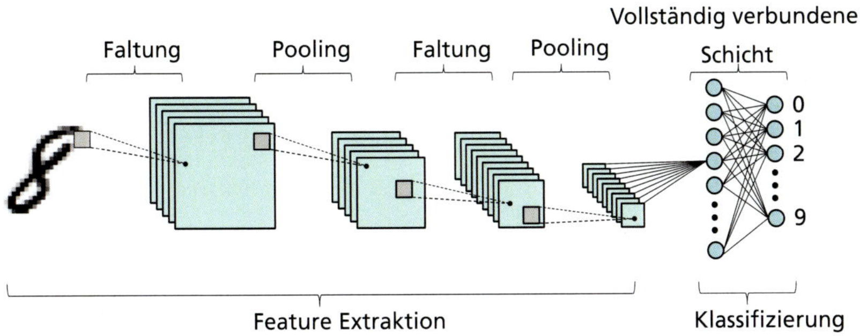

Bild 76: Funktionsweise und Aufbau eines CNN. Modifiziert nach [99].

Das Herzstück eines CNNs ist die Faltungsschicht (s. Bild 77). Im Gegensatz zu einem gewöhnlichen NN wird nicht jedes Bildpixel mit jedem Neuron verbunden. Stattdessen reagiert ein Neuron lediglich auf die Bildpixel in einem bestimmten Feld (rezeptives Feld). Die Neuronen einer folgenden Faltungsschicht reagieren wiederum nur auf einen bestimmten Bereich der vorherigen Faltungsschicht. In einer Faltungsschicht besteht das Gewicht eines Neurons aus einer Faltungsmatrix, auch Filter genannt, welche die Größe des rezeptiven Feldes aufweist. Die Ausgabe wird durch die Multiplikation des Filters mit dem korrespondierenden rezeptiven Feld ermittelt. Mit Hilfe eines solchen Filters können räumliche Muster erkannt werden wie z.B. Kanten. Üblicherweise besteht eine Faltungsschicht aus mehreren Filtern, sodass mehrere Features in einem Layer detektiert werden. [90, 97, 99, 100]

Bild 77: Funktionsweise eines Faltungsfilters mit Zero Padding. Modifiziert nach [101].

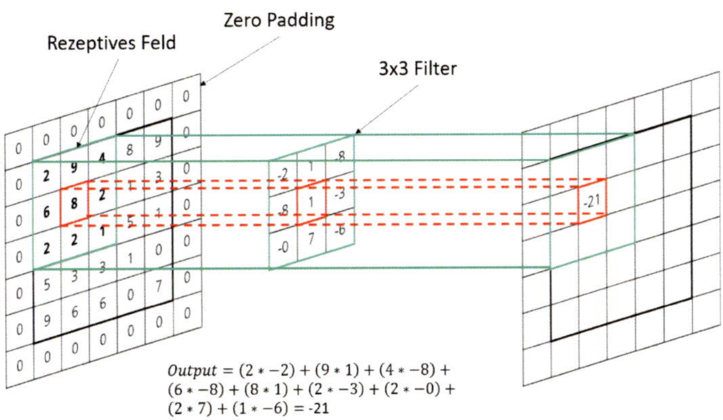

Dieser Aufbau ermöglicht es, dass in den ersten Schichten erst einfachere Merkmale detektiert werden. In den tieferen Schichten werden hingegen komplexere Merkmale extrahiert und ausgewertet. Am Beispiel der Gesichtserkennung würde ein solches CNN zuerst einzelne Kanten detektieren (einfache Merkmale), welches dann mit höherer Schichttiefe zu komplexeren Merkmalen wie z.B. Augen, Gesicht etc. zusammengefügt werden. [99] Der Filter wird entlang des Inputbildes mit einer definierten Schrittweite S bewegt. Eine Schrittweite von S = 2 bedeutet, dass der Filter mit einer Schrittweite von zwei Pixeln entlang des Bildes bewegt wird [90, 100].

Die Breite der Ausgabe W_O [-] kann mit:

6.1

$$W_O = \frac{(W_1 - F + 2P)}{S + 1}$$

berechnet werden, wobei W_1 die Breite der Eingabe [-], F die Filtergröße [-], P die Größe des Zero Paddings [-] und S die Schrittweite [-] ist. Die Höhe der Ausgabe H_O [-] ist hingegen definiert als:

6.2

$$H_O = \frac{(W_1 - F + 2P)}{S + 1}$$

Die Anzahl der Schichten D_S [-] entspricht der Anzahl der Filter K [-]:

6.3

$$D_S = K$$

Damit die Ausgabe einer Faltungsschicht dieselben Dimensionen wie die Eingabe aufweist, können in den Randbereichen Nullen hinzugefügt werden. Dieser Prozess wird Zero Padding genannt. Wird kein Zero Padding vorgenommen, besteht die Gefahr, dass Informationen am Bildrand verloren gehen und sich das NN hauptsächlich auf die Muster im Bildinneren konzentriert. [90, 100, 101]

Um den Rechenaufwand des CNN zu verringern, kommen Poolingschichten zum Einsatz. Hierbei wird eine Verkleinerung der Eingabe vorgenommen, sodass der Speicherverbrauch und die Anzahl der Parameter abnehmen. Ähnlich zum Faltungsfilter reagiert ein Poolingfilter auf ein ihm zugewiesenes rezeptives Feld. Der Unterschied ist jedoch, dass Poolingfilter kein Gewicht besitzen. Stattdessen wird die Eingabe anhand einer Funktion weiterverarbeitet. Bei einer Max-Poolingschicht wird lediglich das Pixel mit dem höchsten Wert als Ausgabe genutzt. Bei einer Average-Poolingschicht wird hingegen der Durchschnittswert der Eingabe gebildet. [100, 101] Bild 78 verdeutlicht das Funktionsprinzip einer Max-Poolingschicht. Die Filtergröße beträgt 2x2 und die Schrittweite beträgt zwei. Lediglich der höchste Eingabewert wird in die nächstliegende Schicht weitergegeben, während die anderen Werte gelöscht werden. Da die Schrittweite zwei beträgt, werden die Bildhöhe und –breite jeweils halbiert. [90]

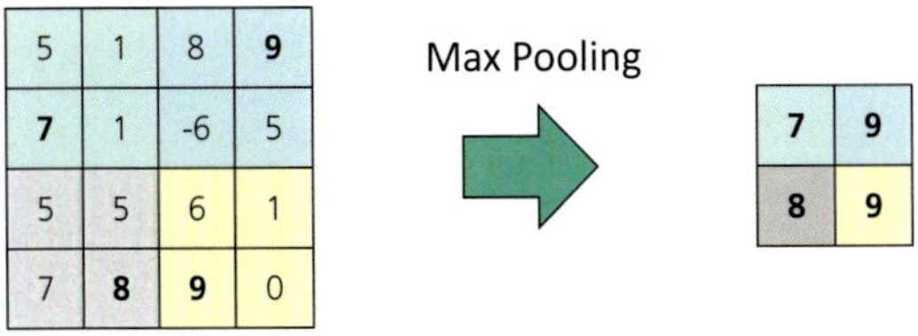

Bild 78: Funktionsweise einer Poolingschicht mit einer Filtergröße von 2x2 und einer Schrittweite von S = 2, was zu einer Viertelung der Bildgröße führt. Modifiziert nach [100].

Die Klassifizierung findet in der vollständig verbundenen Schicht statt. Hierfür werden die Matrizen vektorisiert. Jedes Neuron wird mit allen Neuronen der letzten Schichten verbunden. Die Anzahl der Neuronen in der letzten Schicht wird von der Anzahl der vorhandenen Klassen bestimmt. [100, 101] Zum Beispiel besteht für die Klassifikation handschriftlicher Zahlen die letzte Schicht aus 10 Neuronen für die Zahlen Null bis Neun.

Da CNN das menschliche Sehvermögen nachbilden, werden sie für Anwendungen des Maschinellen Sehens (engl. Computer Vision) wie z.B. für die Semantische Segmentierung verwendet. Bei diesem Verfahren werden alle Bildpixel einer vorher festen Anzahl an Klassen zugewiesen. Das Ergebnis ist eine Clusterung des Bildes. Ein bekanntes Anwendungsbeispiel ist die Identifizierung von Hindernissen wie z.B. Fußgängern, Fahrzeugen etc. beim Autonomen Fahren. Für die Semantische Segmentierung weisen klassische CNN einen entscheidenden Nachteil auf: Die Anzahl der Neuronen der letzten Schicht muss der Anzahl der Pixel im Eingangsbild entsprechen. Dies führt dazu, dass die Eingangsdaten identische Maße aufweisen müssen. [90, 102] Eine Lösungsmöglichkeit sind die von Long et al. entwickelten Fully Convolutional Networks (FCN). Im Gegensatz zu den klassischen CNN werden die vollständig verbundenen Schichten ebenfalls durch Faltungsschichten ersetzt. Somit können auch Eingabedaten mit variablen Maßen verwendet werden. Zur Funktionsweise eines FCN sei auf Arbeiten von Long et al. verwiesen. [90, 102]

6.3 Implementierung

6.3.1 Verwendete Bibliotheken und Programme

Die im Rahmen dieser Arbeit verwendeten Programme und Bibliotheken werden in der folgenden Tabelle zusammengefasst.

Tabelle 4: Verwendete Programme und Bibliotheken.

Bibliotheken und Programme	Version
Label Me	4.5.6
Python	3.6.9
PyTorch	1.5.0
Tochvision	0.5.0
Scikit-Learn	0.20.1
Bokeh	2.1.1
Matplotlib	3.1.1
Pillow	7.0.0

Für die Semantische Segmentierung wird die PyTorch Bibliothek verwendet, welches von KI-Forschern der Fa. Facebook Inc., Menlo Park, Kalifornien entwickelt wurde. Die Implementierung erfolgt in der Programmiersprache Python.

6.3.2 Generierung und Vorbereitung des Datensatzes

Zur Generierung des Datensatzes werden Konturschweißversuche mit einer konstanten Vorschubgeschwindigkeit von v = 3,33 mm/s durchgeführt. Die Laserleistung wird zwischen P_L = 6,6 und P_L = 47 W variiert, sodass neben einer intakten Schweißnaht gezielt thermische Schäden in Form von Blasenbildungen oder Verbrennungen im Kunststoff induziert wurden. Eine Kamera vom Typ DMK 33UX287 der Fa. The Imaging Source Europe GmbH, Bremen wird koaxial in den Strahlengang des Lasers integriert, um den Schweißprozess aufzunehmen. Der experimentelle Versuchsaufbau ist in der folgenden Abbildung dargestellt (s. Bild 79).

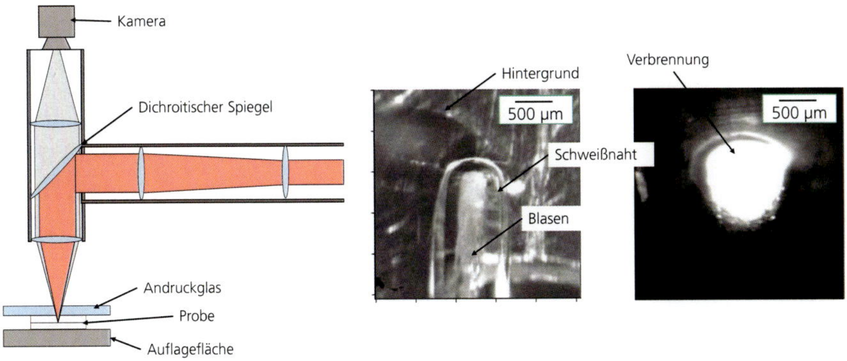

Bild 79: Links: Schematischer Versuchsaufbau zur Aufnahme der Prozessvideos. Rechts: Die für die Semantische Segmentierung definierten Klassen.

Insgesamt wurden 97 Prozessvideos (schwarz-weiß) aufgenommen, von denen 34 Videos eine thermische Schädigung durch Verbrennung zeigen. Anhand des Videomaterials werden 3224 Bildframes extrahiert. Für die Semantische Segmentierung werden die folgenden Klassen definiert (s. Bild 79):

- Hintergrund
- Schweißnaht
- Blasen
- Verbrennungen

Die Auflagefläche der Spannvorrichtung und das nicht aufgeschmolzene Material bilden den Hintergrund. Die Luftblasen entstehen bei einer zu hohen Laserleistung. Diese wird nur im Inneren der Schweißnaht generiert, da in diesem Bereich die höchste Materialtemperatur vorherrscht (s. Kapitel 3). Bei einer weiteren Erhöhung der Laserleistung entstehen Verbrennungen im Material. Dies führt zu einer Überbelichtung des Kamerasensors. In der folgenden Abbildung (s. Bild 80) wird die Verteilung der Bildframes auf die jeweiligen Klassen zusammengefasst.

Bild 80: Zusammensetzung des Datensatzes (links) und die Verteilung auf die Klassen (rechts).

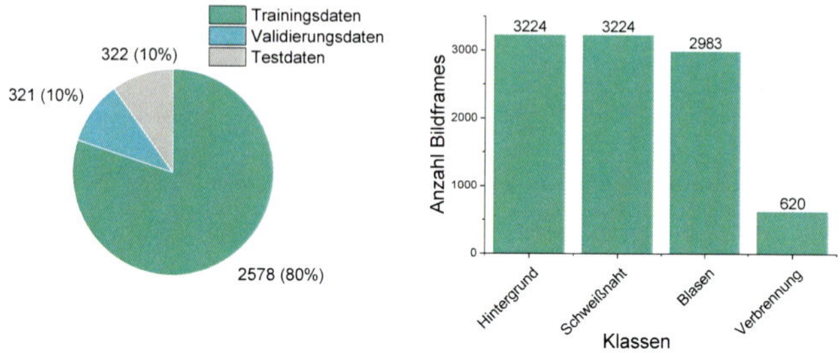

Von den 3224 extrahierten Bildframes beinhalten alle die Klassen Hintergrund und Schweißnaht, während die Klasse Blasen in 2983 Bildframes auftritt. Die Klasse Verbrennungen tritt hingegen nur in 620 Bildframes auf, sodass hier ein Ungleichgewicht der Klassen (engl. class imbalance) auftritt (s. Bild 80 rechts). Üblicherweise liefern Machine Learning Algorithmen fehlerhafte Ergebnisse, wenn diese mit einem unausgewogenen Datensatz trainiert werden.

Um dieses Ungleichgewicht zu kompensieren, werden in einem Batch die unterrepräsentierten Klassen häufiger, während die überrepräsentierten Klassen seltener ausgewählt werden. Dies geschieht über eine Zuweisung eines Gewichtsfaktors. Je höher dieser Faktor ist, desto höher ist die Wahrscheinlichkeit, dass die Trainingsdatei ausgewählt wird. Der Datensatz wird in einen Trainings-, Validierungs-, und Testdaten aufgeteilt in einem Verhältnis von 80%, 10% und 10%.

Anders als bei reinen Klassifikationsaufgaben werden bei der Semantischen Segmentierung für den Trainingsprozess sowohl das zu untersuchende Bild als auch die zugehörige Maske benötigt. Die Maske zeigt die Verteilung der Pixel auf die jeweiligen Klassen an, welche sich in dem Bild befinden. Für jedes Bild des Trainingsdatensatzes wird die Maske manuell erstellt. Hierfür wird das Programm LabelMe verwendet, welches ein in Python implementiertes open-source Programm ist. Bild 81 zeigt beispielhaft Originalbilder und die zugehörigen Masken.

Bild 81: Annotation der Trainingsdaten. Links: Originalbild, Mitte: Manuell erstellte Maske, Rechts: Vereinigung Bild und Maske.

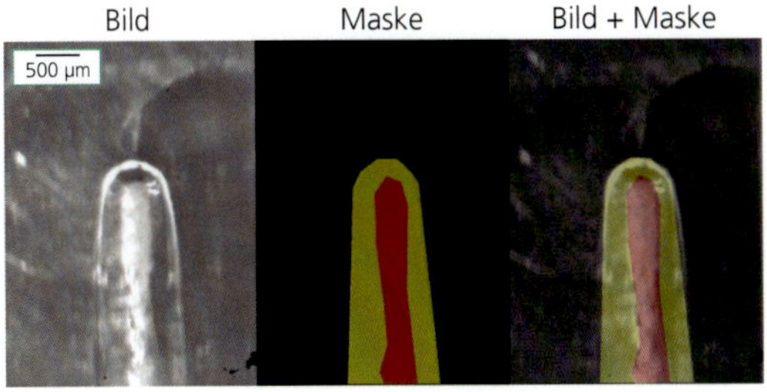

Neben dem Ungleichgewicht der Klassen beeinflusst die Größe des Datensatzes das Training und die Funktion des NN. Da im Rahmen dieser Arbeit lediglich 3225 Bildframes extrahiert wurden, besteht die Gefahr einer Überanpassung des NN an den Datensatz. Eine Lösung ist in diesem Fall die Aufnahme weiterer Prozessvideos und somit die Vergrößerung des Datensatzes. Alternativ kann der Datensatz künstlich vergrößert werden (Data Augmentation), in dem die Bilder und die zugehörigen Masken modifiziert werden (s. Bild 82).

Bild 82: Vergrößerung des Datensatzes durch Data Augmentation.

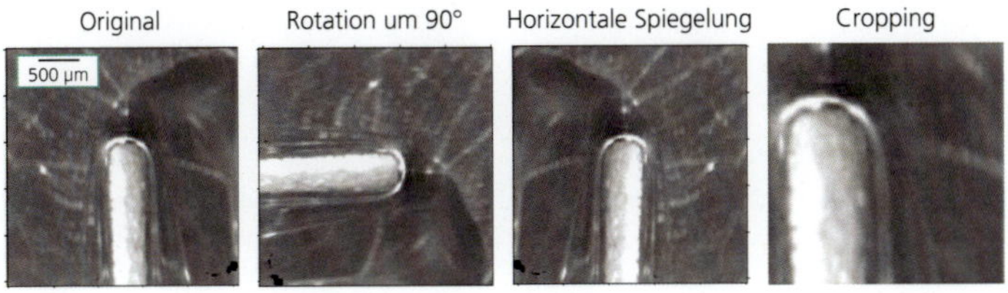

Beim Cropping wird das Bild an zufälligen Stellen beschnitten, sodass ein neuer Bildausschnitt entsteht. Beim Resizing wird das Bild auf eine Größe von 256x256 angepasst, des Weiteren werden die Bilder entweder gespiegelt oder um einen Winkel von 90°,180° und 270° gedreht. Diese Modifikationen stellen für den Computer ein neues Bild dar, sodass hierdurch der Datensatz vergrößert werden kann.

6.3.3 Modelle

Im Rahmen dieser Arbeit wird ein UNet zur Semantischen Segmentierung verwendet. Beim UNet handelt es sich um ein NN, welches ursprünglich von Ronneberger et al. zur Detektion von Zellen entwickelt wurde [95]. Der Aufbau des UNets wird im Folgenden vorgestellt (s. Bild 83)

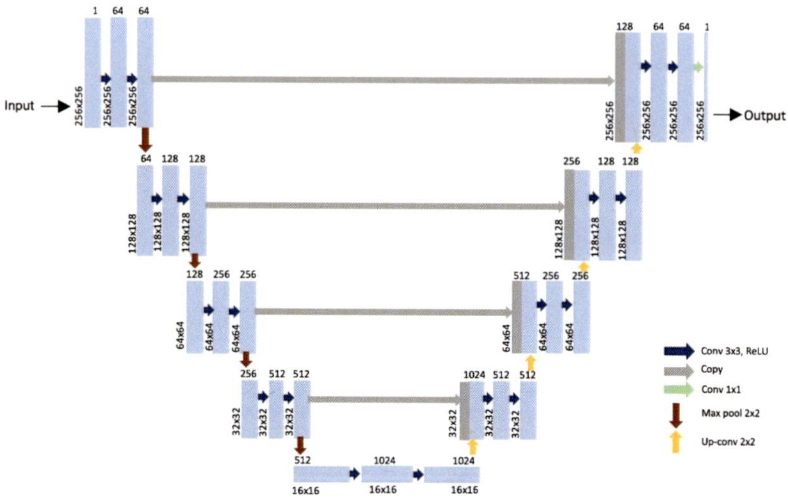

Bild 83: Architektur eines UNet Modells. Modifiziert nach [95]

Der Input wird zunächst in vier Faltungsblöcken verarbeitet. Jeder Block besteht aus zwei Faltungsschichten mit einem 3x3 Filter, einer ReLU Aktivierungsfunktion und einer Max-Poolingschicht. Diese Elemente bilden den Downsampling Pfad, da die Maße der Eingabe in den Max-Poolingschichten komprimiert werden. Mit jedem Downsampling Schritt wird die Anzahl der Filterkanäle verdoppelt. Ferner wird eine Klassifizierung im Downsampling Pfad vorgenommen. Damit die Ausgabe des Netzes dieselben Maße wie die Eingabe aufweist, muss eine Hochskalierung (auch Upsampling genannt) durchgeführt werden. Während das Downsampling für die Klassifikation zuständig ist, wird beim Upsampling die Lokalisierung der Klassen vorgenommen. Der Upsampling Prozess wird über vier Upsampling Blöcken realisiert, welche aus einer transponierten Faltungsschicht mit einem 2x2 Filter, zwei Faltungsschichten mit einem 3x3 Filter und einer ReLU Aktivierungsfunktion bestehen. Für jeden Downsampling Vorgang existiert somit ein korrespondierender Upsampling Vorgang, sodass das NN eine symmetrische U-Form aufweist. Ferner wird die Ausgabe eines Downsampling Vorgangs mit dem korrespondierenden Upsampling Teil verknüpft, was als Sprungverbindung bezeichnet wird. Der Grund hierfür ist, dass durch die mehreren Downsampling Vorgänge die räumliche Information der Eingabe verloren geht. Durch die Sprungverbindung kann hingegen eine höhere Auflösung der Ausgabe erreicht werden. Insgesamt sind im UNet 23 Faltungsschichten vorhanden [95]. Neben dem klassischen UNet werden weitere modifizierte UNet Modelle verwendet, welche eine Residual Network (ResNet) Architektur beinhalten:

- UNet_ResNet18: UNet mit einer ResNet18 Architektur
- UNet_ResNet34: UNet mit einer ResNet34-Architektur
- UNet_ResNet101: UNet mit einer ResNet101 Architektur.

Der Aufbau einer ResNet Architektur sowie der beispielhafte Aufbau des UNet_ResNet18 Modells werden im Anhang vorgestellt (s. Kap. 8.5).

6.4 Ergebnisse der Semantischen Segmentierung

Die insgesamt vier Modelle werden mittels des Trainingsdatensatzes trainiert. Tabelle 5 fasst die Hyperparameter zusammen, welche variiert werden. Die im Rahmen der Hyperparameter Variation ermittelten optimalen Parameter werden für die weiterführenden Analysen verwendet.

Tabelle 5: Zusammenfassung der variierten Hyperparameter.

Hyperparameter	Werte
Batch-Größe	8, 16, 32, 64
Lernrate	10^{-2} - 10^{-5}

Die Modelle werden mit Hilfe von Grafikprozessoren (engl. Graphics Processing Units, GPU) vom Typ Tesla und Quadro (Nvidia Corp., Santa Clara, Kalifornien) trainiert für 100-150 Epochen. Die folgende Abbildung zeigt beispielhaft den Trainings- und Testprozess für das klassische UNet und UNet_ResNet101 Modell. Nach jeder Trainingsepoche wird das Modell anhand des Testsets validiert. Hierfür werden für den Trainings- als auch für den Testprozess die Verluste berechnet. Die Darstellung einer solchen Lernkurve ermöglicht die Evaluierung des Trainingsprozess, sodass potentielle Fehler wie eine Über- oder Unteranpassung des Modells frühzeitig erkannt werden (s. Bild 84).

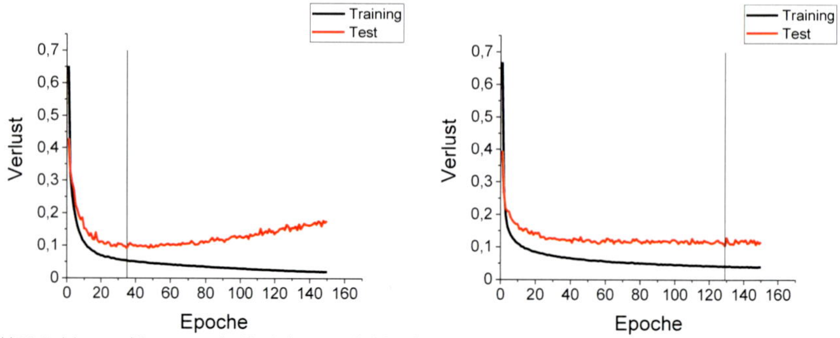

Bild 84: Trainings- und Testprozess des klassischen UNet (links) und Unet_ResNet101 Modells (rechts). Der erreichte minimale Verlust ist durch eine vertikale Linie gekennzeichnet.

Beim klassischen UNet Modell findet innerhalb der ersten 10 Epochen eine starke Abnahme des Verlusts sowohl für den Trainings- als auch für den Testprozess statt. Der Verlust wird definiert als die Differenz zwischen der Ausgabe des NN und dem Zielwert. Für tiefergehende Informationen sei auf Kapitel 8.4 im Anhang verwiesen. Das Minimum wird in Epoche 35 erreicht mit einem Testverlust von 0,09. In den folgenden Epochen divergieren beide Kurven: Während der Verlust im Trainingsprozess mit weiteren Epochen abnimmt, findet hingegen eine Zunahme des Verlusts im Testprozess statt. Dies deutet auf eine Überanpassung des Modells an den Trainingsdatensatz hin. Mögliche Gründe sind die zu geringe Größe des Trainingsdatensatzes mit 3224 extrahierten Bildframes oder ein für die Anwendung zu komplexer Aufbau des Modells. [101] Auch neigen Modelle zur Überanpassung, wenn sie zu lange trainiert werden. Das UNet-ResNet101 Modell zeigt auch nach 150 Trainingsepochen keine Überanpassung. Der minimale Verlust wird in Epoche 129 mit einem Wert von 0,1048 erreicht und bleibt mit weiteren Epochen nahezu konstant, sodass stets ein Versatz zwischen Trainings- und Testverlust besteht. Dies deutet darauf hin, dass der Trainingsdatensatz nicht alle relevanten Merkmale des Laserschweißprozesses abbildet und somit nicht repräsentativ ist.

Bild 85 zeigt beispielhafte Klassifizierungsergebnisse für eine intakte Schweißnaht, eine Schweißnaht mit Blasenbildung und eine mit Verbrennungen. Des Weiteren sind das Originalbild, das manuell klassifizierte Bild sowie das Ergebnisse der Semantischen Segmentierung zu erkennen. Die Bilder zeigen eine gute Übereinstimmung zwischen der manuellen Klassifizierung und der Semantischen Segmentierung. Bei der intakten Schweißnaht ist zu kennen, dass das Material weiterhin transparent bleibt. Auch die Spannvorrichtung weist einige Kratzer auf, welche das einfallende Licht reflektieren. Eine Blasenbildung tritt in der Nahtmitte auf und bewirkt, dass die Naht in diesem Bereich die Transparenz verliert. Der Grund hierfür ist, dass sich aufgrund der gaußförmigen

Intensitätsverteilung die höchste Materialtemperatur in diesem Bereich befindet (s. Kapitel 3.3). An den Rändern treten hingegen keine Blasen auf. Bei einer weiteren Erhöhung der Laserleistung treten Verbrennungen im Bereich des Laserspots auf. Hierbei kommt es zu einer Überbelichtung des Kamerasensors, sodass nur die Verbrennung zu sehen ist, während das umliegende Material unterbelichtet und somit nicht erkennbar ist. Neben einer Verbrennung sind teilweise auch Blasen zu erkennen.

Bild 85: Darstellung beispielhafter Klassifizierungsergebnisse. Links: Kamerabild, Mitte: manuelle Klassifizierung, rechts: Ergebnis der Semantischen Segmentierung.

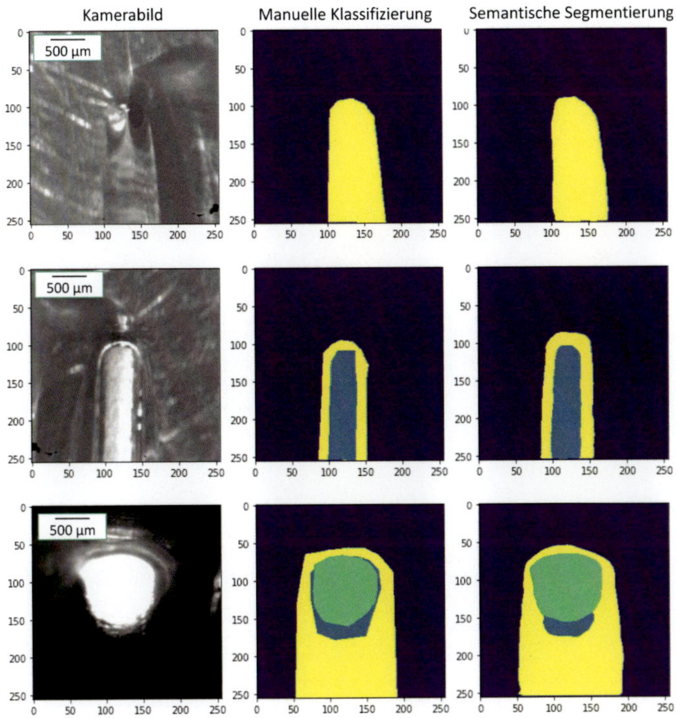

Die Güte des Modells kann anhand des Jaccard-Indexes bzw. Intersection over Union-Wertes (IoU) bestimmt werden (s. Bild 86). Dieser ist definiert als das Verhältnis der Schnittmenge und der Vereinigung zweier Mengen. [90] Hierdurch ist es möglich, die von dem Modell klassifizierten Pixel mit den manuellen Annotationen zu vergleichen.

Bild 86: Definition des Intersection over Union (IoU). Modifiziert nach [90].

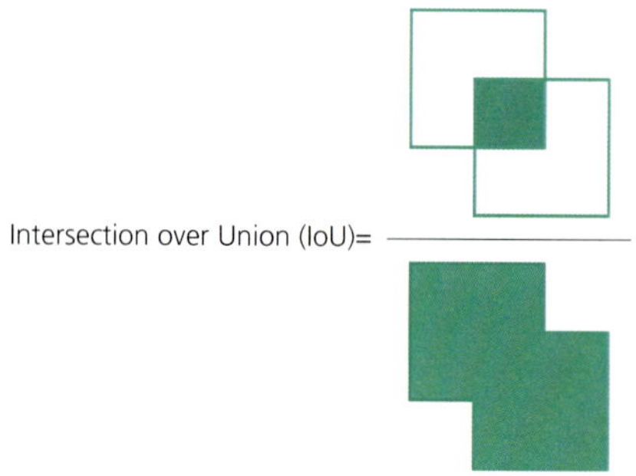

Die durchschnittlichen IoU-Werte sowie die Werte für die jeweiligen Klassen werden für jedes Modell berechnet. Die Ergebnisse sind in Tabelle 6 zusammengefasst. Alle Modelle weisen einen IoU-Wert von 0,92 – 0,93 auf, was auf eine hohe Präzision der Klassifizierung hindeutet. Die hohen Werte werden größtenteils durch die Klasse Hintergrund hervorgerufen, da der IoU-Wert für diese Klasse bei 0,96 – 0,97 liegt. Die hohe Übereinstimmung liegt daran, dass der Hintergrund den Großteil eines Bildes ausmacht. Das Modell kann somit sich besser die spezifischen Merkmale dieser Klasse lernen. Die Klassen Schweißnaht und Blasen weisen einen IoU-Wert zwischen 0,79 – 0,82 bzw. 0,88 – 0,89 auf. Die Klasse Verbrennung wird am unzuverlässigsten detektiert. Der IoU-Wert beträgt für diese Klasse zwischen 0,74 und 0,79.

Tabelle 6: Zusammenfassung der IoU-Werte der verwendeten Modelle.

Modell	UNet	UNet_ ResNet18	UNet_ ResNet34	UNet_ Resnet101
IoU gesamt	0,93	0,93	0,92	0,93
IoU Hintergrund	0,97	0,97	0,96	0,97
IoU Schweißnaht	0,82	0,82	0,79	0,81
IoU Blasen	0,88	0,88	0,84	0,89
IoU Verbrennung	0,79	0,79	0,74	0,78

Um mögliche Ursachen für eine fehlerhafte Klassifizierung identifizieren zu können, werden im Folgenden einige beispielhafte Auswertungen gezeigt (s. Bild 87). Im oberen Bild ist erkennbar, dass eine ungünstige Lichtreflexion an der Schweißnaht fälschlicherweise als Blasenbildung klassifiziert wird. Des Weiteren sind Kratzer auf der Aluminiumauflage der Spannvorrichtung zu erkennen. Auch hier kann es aufgrund von Reflexionseffekten zu einer falschen Klassifizierung kommen. Wie in Bild 87 unten entnommen werden kann, kommt es bei einem Auftreten von Verbrennungen während des Schweißprozesses zu einer Überbelichtung des Kamerabildes. Die Bereiche außerhalb der Verbrennungen sind hingegen unterbelichtet, sodass es zu Problemen in der Auswertung kommen kann. Des Weiteren treten die Verbrennungen nicht gleichzeitig auf, vielmehr tritt hier ein Flackern auf.

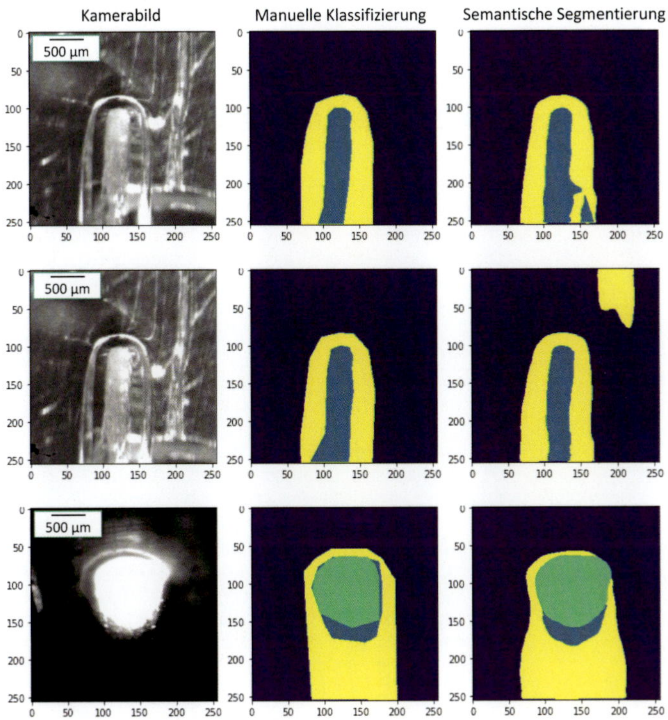

Bild 87: Darstellung fehlerhafter Bildklassifizierungen aufgrund von Lichtreflexion und Überbelichtung des Kamerasensors. Links: Kamerabild, Mitte: manuelle Klassifizierung, rechts: Ergebnis der Semantischen Segmentierung.

Ein Sonderfall wird im Folgenden (s. Bild 88) vorgestellt. Eine Überbelichtung des Kamerasensors führt bisweilen dazu, dass eine manuelle Annotation nur eingeschränkt möglich ist. Zum Beispiel konnte in der folgenden Abbildung nur ein kleiner Bereich sicher als Schweißnaht annotiert werden. Das Modell hingegen gibt eine deutlich realistischere Klassifizierung wieder, sodass in diesem

Fall das Modell das menschliche Klassifikationsvermögen übertrifft. Dies kann jedoch durch den IoU-Wert nicht korrekt abgebildet werden, sodass sich trotz eines guten Ergebnisses ein niedriger IoU-Wert ergibt.

Bild 88: Das NN liefert ein realistischeres Ergebnis als die manuelle Klassifizierung.

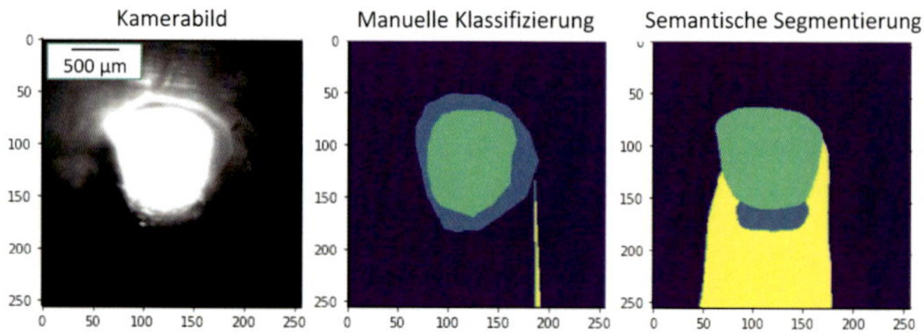

6.5 Zusammenfassung

Die Ergebnisse zeigen, dass mit Hilfe der Semantischen Segmentierung eine ortsaufgelöste Analyse des Schweißprozesses möglich ist. Ferner ist im Gegensatz zur Pyrometrie kein gepulster Betrieb des Laserstrahls notwendig. Alle Modelle weisen einen IoU-Wert von 0,92 – 0,93 auf und zeigen somit eine gute Übereinstimmung mit den manuell annotierten Bildern. Ein Grund ist die einfache Komposition der Bilder, da lediglich vier Klassen vorhanden sind, welche eine nahezu identische Position auf den Bildern haben.

Das klassische U-Net Modell lässt sich innerhalb kurzer Zeit trainieren, da es nach 35 Epochen sein Optimum erreicht. Das Modell neigt jedoch bei höheren Epochen zu einer Überanpassung. Ein Lösungsansatz bildet die Implementierung von Dropout-Schichten an [84, 85]. Hierbei wird jedem Neuron eine Wahrscheinlichkeit p zugewiesen, bei dem es beim nächsten Trainingsschritt einen Output von Null ausgibt und somit keinen Einfluss auf das Training ausübt. Der Wegfall einzelner Neuronen bewirkt, dass nicht einzelne Neuronen den Trainingsprozess überproportional beeinflussen, sondern dass alle Neuronen gleichermaßen beteiligt sind. Das NN läuft somit stabiler und reagiert weniger empfindlich auf Veränderungen.

Die mit einer ResNet-Architektur kombinierten U-Net Modelle zeigen hingegen keine Überanpassung während des Trainingsprozesses. Jedoch bleibt die Differenz zwischen Trainings- und Testverlust mit höheren Epochen nahezu konstant, was auf einen nicht repräsentativen Trainingsdatensatz deutet und somit nicht alle relevanten Merkmale beim Laserschweißen abgebildet werden. Um dies zu beheben, muss der Trainingsdatensatz durch die Aufnahme weiterer Prozessvideos vergrößert werden. Je komplexer das Modell ist, desto größer muss auch der Trainingsdatensatz sein.

Die Ergebnisse der Semantischen Segmentierung zeigen, dass oftmals ungünstige Lichtreflexionen und Kratzer auf der Auflagefläche der Spannvorrichtung sowie eine Überbelichtung des Sensors im Falle von Verbrennungen für eine fehlerhafte Klassifikation verantwortlich sind. Um dies zukünftig zu vermeiden, können z.B. Polarisationsfilter verwendet werden, welche das reflektierte Licht filtern. Weiterhin sollte die Belichtung koaxial in die Bearbeitungsoptik integriert werden, sodass die Beleuchtung parallel zum Strahlengang verläuft. Fraglich ist jedoch, ob eine Semantische Segmentierung der Verbrennung überhaupt notwendig ist. Da in der Praxis ein Bauteil bei einer thermischen Schädigung ohnehin unbrauchbar ist, würde eine normale Klassifizierung ausreichen. Somit muss auch das Problem einer Überbelichtung es Sensors nicht behoben werden, da dies für eine normale Klassifizierung ausreicht. Die Ergebnisse können weiter verbessert werden, indem das Pyrometersignal (s. Kapitel 5) als weitere Eingabe in das NN integriert wird. Es ist davon auszugehen, dass die Modelle durch den weiteren Input stabiler laufen.

Auch sollte in Zukunft die Machbarkeit einer Prozessregelung basierend auf einer Deep Learning Architektur untersucht werden. Die Ergebnisse der Klassifizierung können weiterverarbeitet werden, sodass beispielsweise die Nahtbreite während des Prozesses gemessen oder durch eine Anpassung der Laserleistung geregelt werden kann. Die zentrale Fragestellung ist hier der Zusammenhang zwischen der Komplexität und somit der Präzision des NN und der Geschwindigkeit der Klassifikation. Zu hohe Latenzzeiten können dazu führen, dass der Prozess nur mit niedrigen Geschwindigkeiten gefahren werden kann. Da seit mehreren Jahren die Hardware-Komponenten immer leistungsstärker und preisgünstiger werden, ist davon auszugehen, dass die KI-basierte Prozessregelung in Zukunft verstärkt in den Fokus der Forschung und Entwicklung rücken wird. Weiterhin besteht der Vorteil, dass Bestandteile des trainierten NN sich auch auf für andere laserbasierte Anwendungen wie z.B. dem 3D-Druck oder dem Laserschweißen von Metallen nutzen lassen, sodass der Trainingsaufwand reduziert wird.

Im Folgenden werden die zentralen Erkenntnisse zur Prozessüberwachung aus Kapitel 5 und 6 nochmals zusammengefasst:

- Das pyrometrische Signal ist ein qualitatives Maß für die Materialtemperatur und erlaubt eine kostengünstige und schnelle Überwachung des Schweißprozesses.
- Aufgrund der feinen Nahtgeometrien wird nur ein geringer Anteil Wärmestrahlung emittiert. Diese messtechnisch zu erfassen ist technisch anspruchsvoll, da die Wärmestrahlung durch optische Elemente zudem spektral gedämpft wird und die Messung nur zwischen zwei aufeinanderfolgenden Laserpulsen durchgeführt wird.

- Das pyrometrische Messsignal wird maßgeblich von der Konfiguration der Einspannvorrichtung sowie von dem Ort des Temperaturmaximums im Kunststoff beeinflusst.
- Die KI-basierte Prozessanalyse erlaubt hingegen eine ortsaufgelöste Analyse des Schweißprozesses. Somit können die Nahtgeometrie sowie Ort und Größe etwaiger Schäden bestimmt werden.
- Die Güte der Klassifizierung wird maßgeblich vom Umfang der Trainingsdaten sowie der Bildqualität bestimmt. Überbelichtungen oder ungünstige Lichtreflexionen auf der Spannvorrichtung führen zu fehlerhaften Klassifizierungsergebnissen.

7 Zusammenfassung und Ausblick

7.1 Zusammenfassung

Das Laserdurchstrahlschweißen (LDS) von transparenten Kunststoffen mit Thulium-Faserlaserstrahlung eröffnet neue Anwendungsgebiete, da Kunststoffe ohne den Zusatz von Absorbermaterialien gefügt werden können. Für eine gezielte Energiedeposition und Schmelzebildung im Kunststoff stehen das Konturschweißen (KS) und das Quasisimultanschweißen (QS) zur Verfügung. Beide Verfahren ermöglichen die Herstellung komplexer und feiner Nähte bei einer gleichzeitig geringen thermischen Belastung des Kunststoffes. Die Temperatur- und Intensitätsverteilungen im Kunststoff wurden zunächst in Kapitel 3 simuliert, um ein grundlegendes Verständnis der Energiedeposition in beiden Verfahren zu generieren. In Kapitel 4 wurden die Simulationsergebnisse anhand von experimentellen Schweißversuchen validiert und beide Verfahrensvarianten wurden gegenübergestellt und hinsichtlich der Geometrie der WEZ verglichen. Für eine Überwachung der Nahtqualität wurde in Kapitel 5 eine koaxiale Temperaturmessung mittels Pyrometrie realisiert. Als neuartige Prozessüberwachung wurde in Kapitel 6 die kamerabasierte Analyse des Schweißprozesses mittels Deep Learning Algorithmen implementiert. Die grundlegenden Ergebnisse der Arbeit werden im Folgenden präsentiert.

Beim QS wird die Schweißkontur mehrmals mit hohen Scangeschwindigkeiten abgefahren, sodass sich der Schweißprozess in mehrere Aufheiz- und Abkühlphasen aufteilt. Während der Abkühlphasen wird Wärme entlang der Außenflächen abgeführt. Durch die Wärmeakkumulation wird nur das Materialinnere aufgeschmolzen. Mit höherer Anzahl an Überfahrten und Scangeschwindigkeit bei gleichbleibender Leistung kann eine Abnahme der WEZ-Geometrie beobachtet werden. Beispielsweise konnte in experimentellen Schweißversuchen gezeigt werden, dass bei n = 150 Überfahrten mit einer Scangeschwindigkeit von v_{Scan} = 1350 mm/s in PC die WEZ-Höhe um 39,5% und die WEZ-Breite um 23% abnimmt gegenüber n = 10 Überfahrten und einer Scangeschwindigkeit v_{Scan} = 90 mm/s. Beim KS wird hingegen durch die starke Strahlfokussierung nur im Materialinneren die für eine Aufschmelzung notwendige Intensität überschritten. Im Gegensatz zum QS wird der Kunststoff schlagartig erhitzt und aufgeschmolzen. Die Selektivität der Energiedeposition wird maßgeblich von der Rayleighlänge der Laserstrahlung bestimmt. Ferner deuten die Simulationsergebnisse darauf hin, dass beim KS die Zersetzungstemperatur während des Schweißprozesses kurzzeitig überschritten wird, während bei den experimentellen Versuchen keine Beschädigung festgestellt werden kann. Arbeiten von Boglea zeigen, dass sich mit steigenden Aufheizraten die Zersetzungstemperatur in Richtung höherer Temperaturen verschiebt. Die üblicherweise mittels DSC- und TGA-Messungen ermittelten Temperaturen werden mit Aufheizraten zwischen 10 – 30 °C/min ermittelt, während beim LDS Aufheizraten bis zu 152.000 °C/min auftreten können. Auch wird die Zersetzungstemperatur in einem Zeitraum von t = 60 ms überschritten.

Das Materialgefüge beeinflusst maßgeblich die Strahlpropagation im Kunststoff und somit die Energiedeposition beim KS. Sowohl die simulativen als auch die experimentellen Ergebnisse zeigen, dass durch die Lichtstreuung eine Verschiebung der WEZ in Richtung des oberen Fügepartners auftritt. Je stärker die Streueigenschaften sind, desto stärker fällt der Versatz aus. Wird dieser Versatz nicht durch eine Justierung der Fokuslage ausgeglichen, kann es unter Umständen zu keiner Schmelzebildung im unteren Fügepartner und somit zu keiner Verbindung kommen. Beim QS sammelt sich aufgrund der Wärmeakkumulation die WEZ stets in der Bauteilmitte an, sodass das Materialgefüge keinen wesentlichen Einfluss auf die Ausbildung der WEZ ausübt. Andererseits ist eine erfolgreiche Verschweißung beim QS von der Bauteilgeometrie abhängig. Im Falle von zwei Fügepartnern mit derselben Materialdicke befindet sich die WEZ in der Fügezone. Bei stark unterschiedlichen Materialdicken wie z.B. bei einer Verschweißung einer Folie mit einem Grundkörper stößt das QS an seine technologischen Grenzen, weshalb hier das KS zum Einsatz kommen muss.

Insbesondere in flachen Bauteilen mit hoher Nahtdichte kann es zu einer Wärmeakkumulation im Materialinneren kommen, was zu Nahtverbreiterungen führen kann. Eine Lösungsmöglichkeit bildet die koaxiale pyrometrische Prozessüberwachung, welche die Wärmeemission während des Schweißprozesses messtechnisch erfasst. Thermische Schäden können so durch Signalpeaks erkannt werden. Bei der pyrometrischen Prozesskontrolle beim absorberfreien LDS ist die Verringerung von spektralen Dämpfungsverlusten innerhalb der Bearbeitungsoptik von signifikanter Bedeutung. Der Grund hierfür ist, dass aufgrund der geringen Schmelzvolumina im Kunststoff lediglich eine geringe Menge an Wärmestrahlung emittiert wird. Des Weiteren befindet sich die Emissionswellenlänge des Thulium-Faserlasers im Messbereich des Pyrometers. Dies führt dazu, dass der Laser gepulst betrieben wird, während das Pyrometer zwischen des Laserpulsen die Wärmestrahlung misst.

Die Art und Konfiguration der Einspannvorrichtung hat einen signifikanten Einfluss auf das Pyrometersignal, da diese zum einen die im Kunststoff entstehende Wärme unterschiedlich abführt. Weiterhin kann es z.B. im Andruckglas zu einer Erwärmung kommen, welche ebenfalls durch das Pyrometer messtechnisch erfasst wird. Während beim KS ein konstantes Pyrometersignal gemessen werden kann, findet beim QS zunächst eine Abnahme des Signals statt. Dies liegt daran, dass während des Schweißprozesses aufgrund der Wärmeakkumulation das Temperaturmaximum von der Probenoberfläche in Richtung Probenmitte wandert. Durch die stärkere spektrale

Dämpfung im oberen Fügepartner sowie durch den größeren Abstand zum Pyrometer wird weniger Wärmestrahlung erfasst. Sobald sich das Temperaturmaximum in der Probenmitte befindet, wird mit fortschreitender Schweißdauer ein Anstieg des Pyrometersignals detektiert.

Ein neuartiger Ansatz für eine Prozessüberwachung bildet die automatisierte Auswertung von koaxialen Kameraaufnahmen mittels Deep Learning Algorithmen. Im Rahmen dieser Arbeit wurde die prinzipielle Machbarkeit des Verfahrens gezeigt, indem Prozessaufnahmen bei verschiedenen Schweißparametern durchgeführt und im Nachhinein ausgewertet wurden. Mit Hilfe der Semantischen Segmentierung werden die Bildpixel der Aufnahmen den eingangs definierten Klassen Schweißnaht, Hintergrund, Blasenbildung und Verbrennungen zugewiesen. Alle Modelle weisen einen IoU-Wert zwischen 0,92 – 0,93 und erlauben somit eine zuverlässige Klassifizierung. Der Grund für die hohen Werte ist, dass die Klasse Hintergrund den größten Anteil eines Bildes ausmacht. Die IoU-Werte der restlichen Klassen liegen stattdessen im Bereich 0,74 – 0,89. Von allen Klassen werden Verbrennungen am unzuverlässigsten klassifiziert, weil es im Falle einer Verbrennung zu einer Überbelichtung des Kamerasensors kommt. Ferner zeigen die Ergebnisse, dass ungünstige Lichtreflexionen oder Kratzer auf der Spannvorrichtung zu einer fehlerhaften Klassifizierung führen. Beim klassischen U-Net Modell ist nach 35 Trainingsepochen eine Überanpassung des Modells an den Trainingsdatensatz erkennbar. Bei den mit einer ResNet Architektur modifizierten U-Net Modellen ist hingegen mit höheren Trainingsepochen keine Annäherung der Verluste zwischen dem Test und der Trainingsphase erkennbar. Dies deutet darauf hin, dass für die komplexeren Neuronalen Netze der Trainingsdatensatz zu klein ist und somit nicht alle relevanten Merkmale des Laserschweißprozesses abgebildet werden.

7.2 Ausblick

Für das Simulationsmodell gilt es, die WEZ-Geometrie präziser wiederzugeben. Die optischen Eigenschaften wurden im Simulationsmodell vereinfachend als temperaturunabhängig angenommen. Eine Möglichkeit zur Verbesserung des Simulationsmodells kann die Berücksichtigung der Temperaturabhängigkeit der optischen Eigenschaften sein. Dies kann beispielsweise mit Hilfe von spektroskopischen Messungen an beheizten Proben umgesetzt werden. Durch die Messungen unter verschiedenen Temperaturen kann somit der Aufheiz- und Abkühlprozess beim LDS besser dargestellt werden. Ferner deuten die ermittelten Ergebnisse darauf hin, dass die Zersetzungstemperatur im Kunststoff beim KS kurzzeitig überschritten wird, ohne dass es in den experimentellen Versuchen zu einer Beschädigung des Kunststoffes kommt. Hier sollten die Ursachen für diese Beobachtung ermittelt werden. In zukünftigen Arbeiten sollte die Zersetzungstemperatur in Abhängigkeit der Aufheizrate bestimmt werden. Die Temperaturen können mit Hilfe einer Laser-Flash-DSC ermittelt werden.

Ferner können die Ergebnisse auch für andere laserbasierte Verfahren wie dem SLS genutzt werden. Bei der Simulation von teilkristallinen Kunststoffen muss die Auflösung der Kristallstrukturen mit Überschreiten der Schmelztemperatur berücksichtigt werden. Da mit Auflösung der Kristalle keine Lichtstreuung mehr stattfindet, ist davon auszugehen, dass die Strahlpropagation eher amorphen Kunststoff ähnelt. Des Weiteren muss berücksichtigt werden, dass das Kristallgefüge am Rand kleiner ist als im Materialinneren. Am äußersten Rand kann eine amorphe Randschicht vorliegen.

Um die Prozessanalyse mittels Deep Learning beim LDS etablieren zu können, sollte im nächsten Schritt eine Echtzeit-Analyse des Schweißprozesses implementiert werden. Ähnlich zur Pyrometrie kann auch hier ein geschlossener Regelkreis generiert werden, mit der eine Regelung der Laserleistung ermöglicht wird. Die Regelung der Laserleistung kann helfen, eine konstante Nahtbreite im Bauteil zu realisieren. Auch kann durch eine Nahtkantenverfolgung die Schweißkontur angepasst werden. Dies ist insbesondere beim Fügen von mikrofluidischen Bauteilen hilfreich, da kleinste Abweichungen in der Bauteilgeometrie zu einer Beschädigung der Mikrokanäle durch die Laserstrahlung führen kann. Für eine Echtzeit-Analyse müssen die Modelle soweit vereinfacht werden, dass eine schnelle Auswertung möglich ist. Gleichzeitig müssen die Klassifizierungsergebnisse verbessert werden. Dies kann durch eine Vergrößerung des Datensatzes und durch eine Steigerung der Aufnahmequalität realisiert werden. Ferner können auch parallel pyrometrische Messungen durchgeführt werden, welche in die Auswertung mit einfließen. Durch den Trend zu günstigeren und immer leistungsstärkeren Hardware-Komponenten ist davon auszugehen, dass die KI-basierte Prozessregelung zukünftig verstärkt in den Fokus der Forschung und Entwicklung rücken wird.

Um das aborberfreie LDS in der industriellen Fertigung etablieren zu können, muss die Produktivität des Schweißprozesses gesteigert werden. In Bauteilen mit hohen Nahtdichten wie z.B. mikrofluidischen Chips kann der Schweißprozess mehrere Minuten dauern. Eine Steigerung der Produktivität kann beispielsweise durch eine Multistrahl-Bearbeitung erfolgen, welches seit mehreren Jahren im Bereich Mikrostrukturierung am Fraunhofer ILT erforscht wird. Die Aufteilung des Laserstrahls kann entweder geometrisch mittels Strahlteilern oder spektral mittels Spatial Light Modulatoren (SLM) oder Diffraktive Optische Elemente (DOE) erfolgen. Sowohl mit SLMs als auch DOEs kann die Phase des Laserstrahls gezielt verändert werden, sodass durch Überlagerung und gezielte Interferenz mehrere Teilstrahlen generiert werden können. SLMs bieten im Gegensatz zu DOEs den Vorteil, dass die Flüssigkristall-Pixel flexibel angesteuert werden können. Somit können z.B. Linsenfehler korrigiert und maßgeschneiderte Temperaturverteilungen im Kunststoff erzeugt werden. Nachteilig hingegen ist, dass Laserleistungen über 50 W zu einer Beschädigung des Sensors führen können.

Ein weiterer Ansatz zur Steigerung der Produktivität ist die Verkürzung der für eine Aufschmelzung notwendigen Mindestwechselwirkungszeit. Die Ergebnisse in Kapitel 4.2 zeigen, dass die Mindestwechselwirkungszeit maßgeblich von der Strahlintensität bzw. der Fluenz abhängt. Hierfür müssten leistungsstärkere Thulium-Faserlaser mit Maximalleistungen im kW-Bereich entwickelt werden, womit die in Kapitel 4.2 ermittelten Intensitäten auch für größere Spotdurchmesser erreicht werden können. In einem ersten Schritt bietet sich als Bestrahlungsstrategie das Simultanschweißen an, da hier keine Verfahrbewegung zwischen Laserstrahl und Werkstück vorhanden ist. Für einen Konturschweißprozess hingegen bieten sich Scannersysteme an, da diese im Gegensatz zu Achssystemen deutlich höhere Geschwindigkeiten erzielen können. Mit Hilfe des Hochgeschwindigkeitsschweißprozesses ist es auch möglich, dass das absorberfreie LDS für neue Anwendungsbereiche wie z.B. dem Folienschweißen für den Verpackungsbereich an Attraktivität gewinnt. Nachhaltige Verpackungslösungen rücken in Deutschland und Europa seit mehreren Jahren verstärkt in den Fokus rechtlicher und politisch-strategischer Überlegungen, was sich in der Einführung des neuen Verpackungsgesetzes widerspiegelt. Für Unternehmen besteht ein hoher Handlungsbedarf in der Entwicklung neuartiger recyclefähiger Verpackungslösungen wie z.B. der Substitution von mehrschichtigen Folien durch Monomaterialien. Während bei mehrschichtigen Verbundfolien die Siegelschicht mittels Heizelement-Schweißen aufgeschmolzen wird, ist für die Nutzung von Monomaterialien die Entwicklung neuer Fügeverfahren notwendig, um die Schmelzenergie gezielt zwischen beiden Fügepartnern zu deponieren. Das Hochgeschwindigkeitsschweißen könnte diese Anforderungen bedienen, da aufgrund der kurzen Schweißzeiten dieses Verfahren auch für die Massenproduktion geeignet ist.

Für das Schweißen großflächiger Bauteile wie z.B. Folien bietet es sich an, neben der quasisimultanen Bestrahlung der Kontur eine weitere Linearbewegung hinzuzufügen, sodass bei diesem Verfahren das QS mit dem KS kombiniert wird. Hierdurch werden die Vorteile beider Verfahren verknüpft. Aufgrund der geringen Materialdicke von Folien ist eine Justage der Fokuslage beim KS nur mit hohem Aufwand möglich. Durch die quasisimultane Bestrahlung bildet sich die WEZ stets in der Fügezone aus, sodass die aufwändige Justage der Fokuslage entfällt. Durch das Hinzufügen einer Linearbewegung können auch größere Schweißkonturen abgefahren werden, welche ansonsten beim QS durch das Scanfeld begrenzt sind.

8 Anhang

8.1 Herleitung des Fokusversatzes beim LDS

Hinweis: Für die Herleitung wurde die Kleinwinkelnäherung angenommen. Die schematische Darstellung zur Berechnung des Fokusversatzes ist in Bild 89 dargestellt.

Bild 89: Schematische Darstellung zur Berechnung des Fokusversatzes.

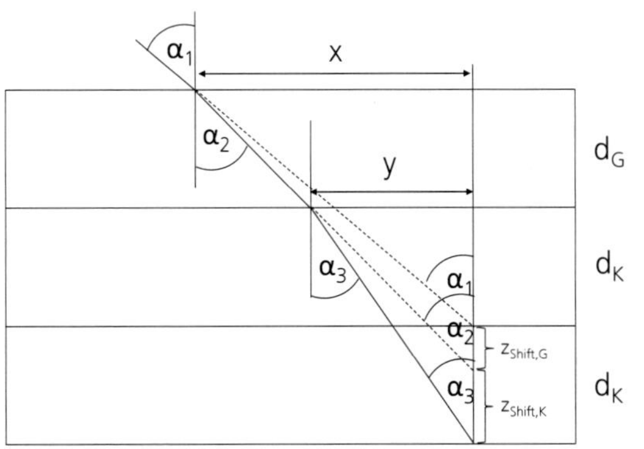

Herleitung von $z_{Shift,G}$

Der Einfallswinkel α_L des Laserstrahls in der Luft [°] ist gemäß:

8.1
$$\alpha_1 = \frac{x}{d_G + d_K}$$

definiert, wobei d_g die Dicke der Glasplatte [mm], d_K die Dicke des Kunststoffs [mm] und ist der Strahlradius auf der Glasoberfläche [mm] ist. Der Einfallswinkel α_2 des Laserstrahls in Glas [°] wird gemäß:

8.2
$$\alpha_2 = \frac{x}{d_G + d_K + z_{Shift,G}}$$

bestimmt, wobei $z_{Shift,G}$ [mm] der Fokusversatz durch die Glasplatte ist. Über das Snelliusche Brechungsgesetz:

8.3
$$n_L * \alpha_1 = n_G * \alpha_2$$

und Gleichung 8.1 kann Gleichung 8.2 nach $z_{Shift,G}$ [mm] aufgelöst werden:

8.4
$$z_{Shift,G} = \left(\frac{n_G}{n_L} - 1\right) * (d_G + d_K)$$

, wobei n_L der Brechungsindex in Luft [-] und n_G der Brechungsindex in der Glasplatte [-] ist.

Herleitung von $z_{Shift,K}$

Der Einfallswinkel α_3 des Laserstrahls im Kunststoff [°] wird gemäß:

8.5
$$\alpha_3 = \frac{y}{d_K + z_{Shift,G} + z_{Shift,K}}$$

berechnet, wobei y der Strahlradius auf der Oberfläche des Kunststoffs ist und $z_{Shift,K}$ Fokusversatz im Kunststoff ist.

8.6
$$\alpha_2 = \frac{y}{d_K + z_{Shift,G}}$$

Mit:

8.7
$$n_K * \alpha_3 = n_G * \alpha_2$$

und Gleichung 8.6 kann Gleichung 8.5 nach $z_{Shift,K}$ [mm] aufgelöst werden:

8.8
$$z_{Shift,K} = \left(\frac{n_K}{n_G} - 1\right) * \left(d_K + z_{Shift,G}\right)$$

Herleitung von Δz:

Der gesamte Fokusversatz Δz [mm] ist folgendermaßen definiert:

8.9
$$\Delta z = z_{Shift,G} + z_{Shift,K}$$

Einsetzen von $z_{Shift,G}$ und $z_{Shift,K}$ ergibt:

8.10
$$\Delta z = \frac{n_K}{n_G} * d_G * \left(\frac{n_G}{n_L} - 1\right) + d_K * \left(\frac{n_K}{n_L} - 1\right)$$

8.2 Ergebnisse der spektroskopischen Messungen

Die für das Simulationsmodell benötigten spektralen Eigenschaften der Materialien werden im Folgenden präsentiert. In PC ist erkennbar, dass die Transmission und gerichtete Transmission nahezu identisch sind, da keine nennenswerte Streuung stattfindet (s. Bild 90).

Bild 90: Spektrale Eigenschaften von PC im Bereich λ = 400 – 2500 nm.

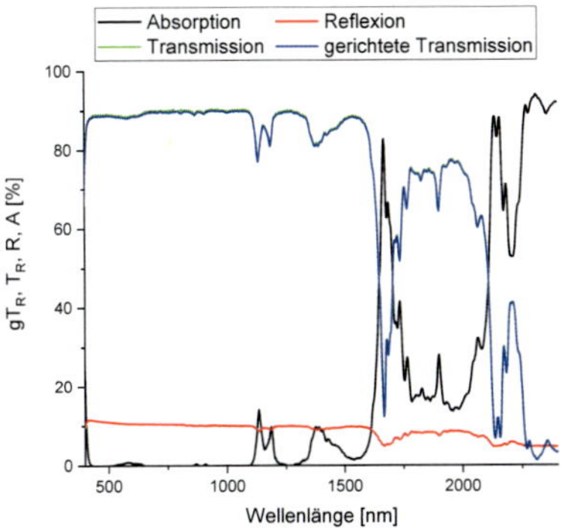

In PP ist hingegen erkennbar, dass ein Großteil des auftreffenden Lichts gestreut wird (s. Bild 91). Die Streuwirkung nimmt mit sinkender Wellenlänge zu.

Bild 91: Spektrale Eigenschaften von PP im Bereich λ = 400 – 2500 nm.

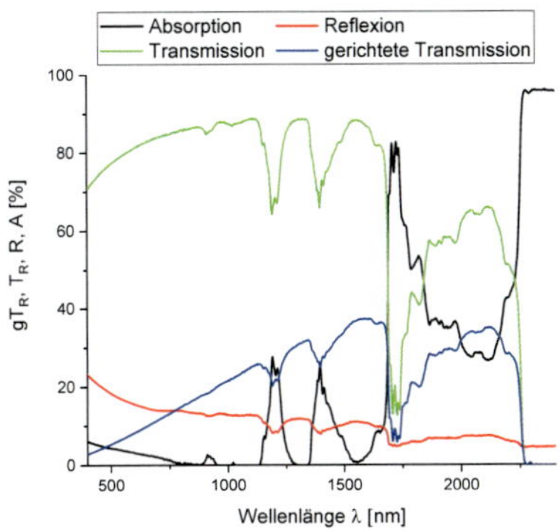

8.3 Temperaturabhängige Dichte, Wärmekapazität und Wärmeleitfähigkeit von PC und PP

In Bild 92 werden die Materialeigenschaften von PC und PP dargestellt, welche in dem Simulationsmodell verwendet werden [5]. Da die Messwerte nicht den gesamten Temperaturbereich beim LDS abdecken, werden sie in der Simulationssoftware linear extrapoliert. Die Dichte ρ nimmt mit ansteigender Temperatur aufgrund der Volumenexpansion ab.

Bild 92: Die temperaturabhängige Dichte in PC und PP.

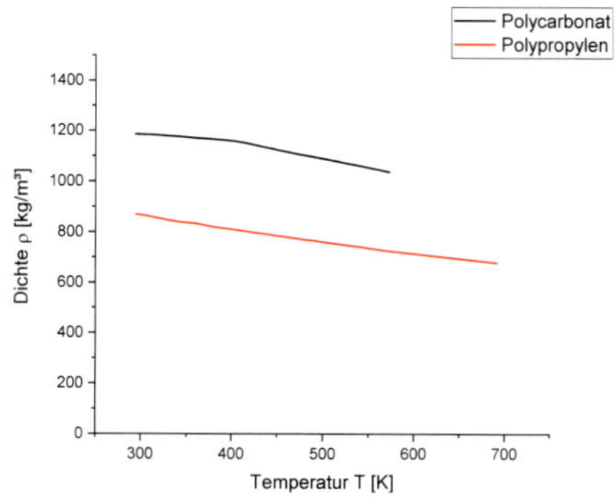

Die spezifische Wärmekapazität c_P wird in Bild 93 dargestellt. Es ist erkennbar, dass der Phasenübergang vom festen in den flüssigen Zustand in PP durch einen Peak erkennbar ist.

Bild 93: Die temperaturabhängige spezifische Wärmekapazität c_P in PC und PP.

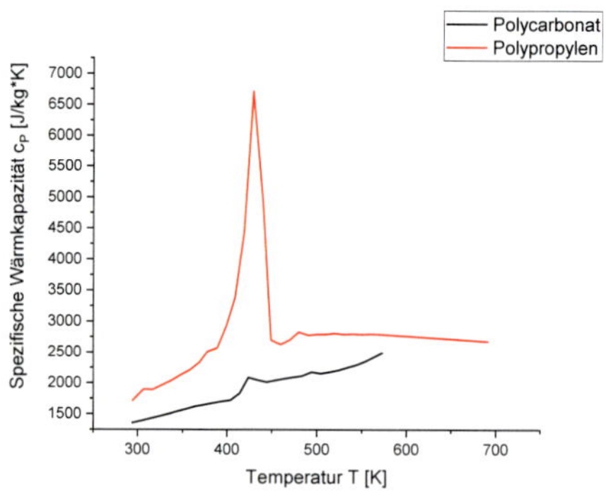

In PC wird vereinfachend eine temperaturunabhängige Wärmeleitfähigkeit angenommen. In PP ist hingegen erkennbar, dass die Wärmeleitfähigkeit zunächst mit steigender Temperatur abnimmt und im Bereich der Schmelztemperatur ihr Minimum erreicht. Wird die Temperatur weiterhin erhöht, so ist ein Anstieg der Wärmeleitfähigkeit erkennbar (s. Bild 94).

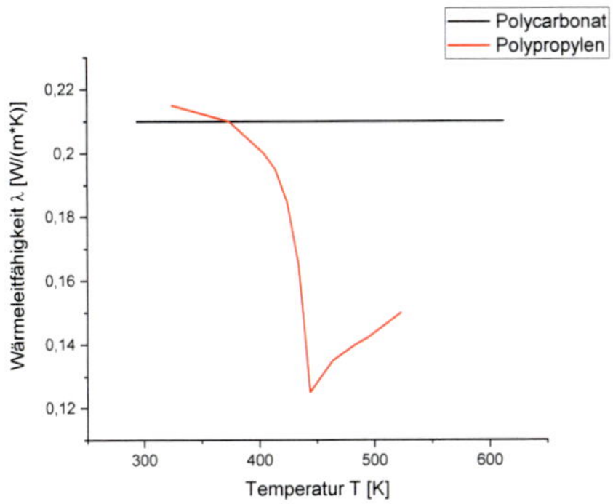

Bild 94: Die temperaturabhängige Wärmeleitfähigkeit λ in PC und PP.

8.4 Einführung Neuronale Netze

Neuronale Netze (NN) sind Machine Learning Modelle, welche an die Funktionsweise eines biologischen Neurons im menschlichen Gehirn angelehnt sind. Diese bilden das Grundgerüst der Deep Learning Algorithmen und können vielfältige hochkomplexe Aufgaben durchführen. [90]

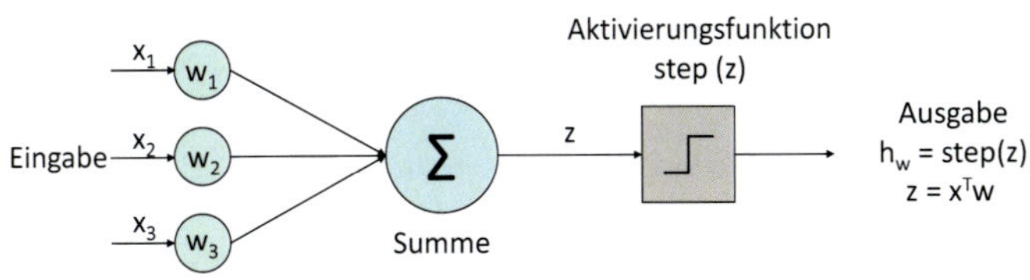

Bild 95: Aufbau eines Threshold Linear Units. Die Eingabe wird summiert und einer Heaviside Aktivierungsfunktion zugewiesen, welche wiederum die Ausgabe generiert. Modifiziert nach [90].

Ein künstliches Neuron wird durch ein Threshold Linear Unit (TLU) dargestellt (s. Bild 95) [103]. Die Eingangswerte werden mit ihren zugehörigen Gewichten multipliziert und es wird im Neuron die Summe gemäß:

8.11
$$z_N = x^T * w = x_1 * w_1 + x_2 * w_2 + x_3 * w_3$$

gebildet, wobei z_N die Ausgabe des Neurons i [-] ist, x_i die Eingabe [-] und w_i das Gewicht des Neurons i [-] sind [90, 104].

Je größer das Gewicht ist, desto größer ist der Einfluss der Eingabe auf das Neuron. Das Ergebnis wird einer Aktivierungsfunktion zugewiesen, welche wiederum die Ausgabe des TLUs berechnet [90, 104]. Die am häufigsten verwendete Funktion in einem TLU ist die Heaviside Funktion:

8.12
$$heaviside(z) = \begin{cases} 0\ für\ z_N < 0 \\ 1\ für\ z_N \geq 1 \end{cases}$$

Eine stark vereinfachte Form eines NN stellt ein Perzeptron dar, welches 1957 von Frank Rosenblatt vorgestellt wurde [105]. Ein Perzeptron besteht aus mehreren TLU, welche mit allen Eingabe-Neuronen verbunden sind. Die folgende Abbildung zeigt beispielhaft ein Perzeptron mit zwei Eingabe-Neuronen, einem Bias Neuron und drei TLU, welche ebenfalls die Ausgabe-Neuronen bilden (s. Bild 96). [90]

Bild 96: Aufbau eines Perceptrons mit zwei Eingabe-Neuronen, einem Bias Neuron und drei TLU. Bild modifiziert nach [90].

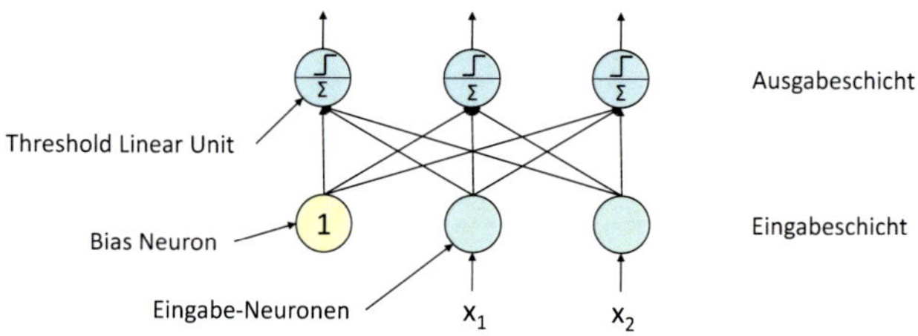

Der Lernprozess in einem Perzeptron kann mit:

8.13
$$w_{i,j}^{neu} = w_{i,j} + \eta(y_j - \hat{y}_j)x_i$$

beschrieben werden, wobei $w_{i,j}$ das Gewicht zwischen der i-ten Eingabe und dem j-ten Ausgabe-Neuron [-], x_i die Eingabe des Neurons i [-], $\hat{y}_j$ die Ausgabe des j-ten Ausgabe-Neurons [-], y_j der Zielwert des j-ten Ausgabe-Neurons [-] und η die Lernrate [-] ist [104, 105].

Da die Heaviside Funktion lediglich zwei Werte ausgeben kann, eignet sich ein Perzeptron für einfache Klassifikationsaufgaben. Für komplexere Aufgaben können mehrere Perzeptrons zu einem mehrschichtigen NN kombiniert werden. Die folgende Abbildung zeigt ein solches System (s. Bild 97).

Bild 97: Aufbau eines Multilayer Perzeptrons mit zwei Eingabe-Neuronen, einer Zwischenschicht mit vier Neuronen und einer Ausgabe-Schicht mit drei Neuronen. Modifiziert nach [90, 101].

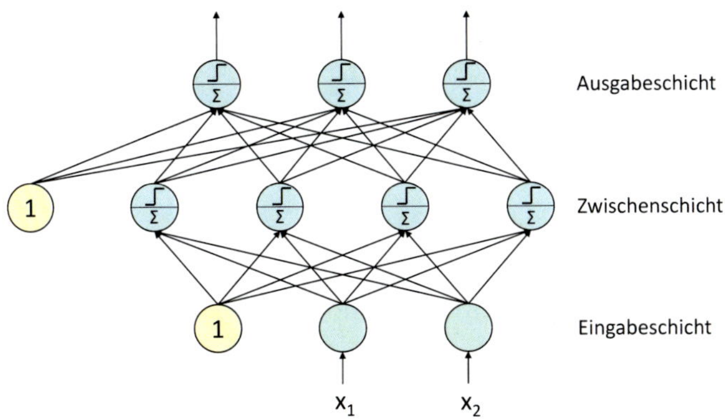

Die erste Schicht bildet die Eingabe-Schicht, welche die Eingabewerte an die nächste Schicht weitergeben. Neben den Eingabe-Neuronen existiert noch ein Bias Neuron, welches stets einen Wert von eins ausgibt. Die Eingabewerte sowie der Bias Wert werden an alle Neuronen der nächstliegenden Schicht weitergegeben. Wie in Bild 95 gezeigt, wird die gewichtete Summe der Eingabewerte berechnet und das Ergebnis der Aktivierungsfunktion wird an die Ausgabe-Schicht übergeben. Auch in der Zwischenschicht befindet sich ein Bias Neuron, welches einen Wert von eins ausgibt. Wenn ein NN mehrere Zwischenschichten besitzt, wird es auch als Deep Neuronal Network (DNN) bezeichnet. [90, 101]

Für das Training solcher Netze wird der Backpropagation Algorithmus verwendet, welcher von Rumelhart et al. erstmals vorgestellt wurde. Der Algorithmus setzt sich aus folgenden Schritten zusammen [106]:

- Die Trainingsdaten werden in Teilmengen (Batches) aufgeteilt. Jeder Durchgang der gesamten Trainingsdaten durch das NN wird als Epoche bezeichnet. Üblicherweise dauert der gesamte Trainingsprozess mehrere Epochen.

- Jeder Batch wird der Eingabe-Schicht zugewiesen und propagiert in Richtung der Ausgabe-Schicht. Dieser Vorgang wird als Forward Pass bezeichnet.

- Im nächsten Schritt wird die ermittelte Ausgabe mit dem Zielwert verglichen und es wird die Differenz gebildet. Hierfür stehen verschiedene Methoden wie z.B. die Mittlere Quadratische Abweichung zur Verfügung.
- Die Differenz (auch Verlust genannt) wird entlang der Schichten zurückpropagiert, wobei der Einfluss der jeweiligen Knoten auf den Verlust quantifiziert wird. Die Gewichte der Knoten werden angepasst, um den Verlust zu minimieren. Für die Anpassung der Gewichte kommen Methoden wie z.B. das Gradientenverfahren zum Einsatz.

Für das Gradientenverfahren muss die Aktivierungsfunktion differenzierbar sein, weshalb die Heaviside Funktion nicht geeignet ist. Stattdessen werden folgende Aktivierungsfunktionen verwendet [107, 108]:

Sigmoid-Funktion σ:

8.14
$$\sigma(z) = \frac{1}{(1 + e^{-z})}$$

Rectifier Linear Unit-Funktion ReLU:

8.15
$$ReLU(z) = \max(0, z)$$

Tangens Hyperbolicus-Funktion tanh:

8.16
$$tanh(z) = 1 - \frac{2}{e^{2x} + 1}$$

8.5 UNet mit ResNet Architektur

Für die Erkennung und Klassifizierung komplexer Strukturen müssen tiefe NN mit mehreren Schichten (> 20) verwendet werden. Je mehr Schichten ein NN aufweist, desto leistungsstärker ist es und desto anspruchsvollere Aufgaben können bearbeitet werden. [109] Mit dem Hinzufügen weiterer Schichten kommt es wieder zu einer Abnahme der prädiktiven Modellgüte, welche durch mehrere Ursachen hervorgerufen werden [110]. Das Problem des verschwindenden Gradienten (engl. vanishing gradient problem) tritt z.B. während des Trainingsprozesses bei der Durchführung des Backpropagation Algorithmus auf. Die Differenz (auch Verlust genannt) wird entlang der Schichten zurückpropagiert, wobei der Einfluss der jeweiligen Knoten auf den Verlust quantifiziert wird. In tiefen NN werden die Gewichte aufgrund der mehrfachen Propagationsschritte nur um einen minimalen Wert angepasst, sodass das NN nur langsam konvergiert oder der Trainingsprozess sogar ganz ausbleibt. [90] Eine Lösungsmöglichkeit ist das Hinzufügen von Identitäts-Shortcut-Verbindungen (engl. identity shortcut connection), welche in Residual Networks (ResNet) angewandt werden. Ein ResNet-Block wird in der folgenden Abbildung (s. Bild 98) vorgestellt.

Bild 98: Ein ResNet-Block mit einer Identitäts-Shortcut-Verbindung. Modifiziert nach [111].

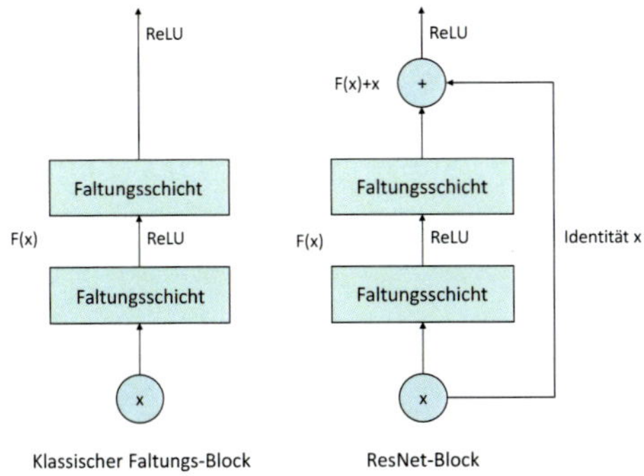

Die Eingabe x wird zunächst einem Faltungs-Block, bestehend aus einer Faltungsschicht und einer ReLU Funktion, zugewiesen. Die Ausgabe wird in einer weiteren Faltungsschicht weiterverarbeitet. Das Ergebnis wird Anschluss mit der Eingabe x addiert, welche eine Identitätsabbildung darstellt. Die Hypothese der Autoren ist, dass ein solches tiefes NN beim Training nicht schlechter abschneiden darf als ein flacheres NN mit sonst identischer Konfiguration. Eine weitere Hypothese ist, dass für eine Verbesserung des Trainingsergebnisses im Vergleich zu flacheren NN die jeweiligen Schichten nur geringfügig von der Identitätsfunktion verändert werden müssen. [111]

Im Rahmen dieser Arbeit wird das UNet Modell mit ResNet Architekturen unterschiedlicher Größe erweitert. Im Folgenden wird beispielhaft das UNet Modell mit einer ResNet18 Architektur vorgestellt (s. Bild 99).

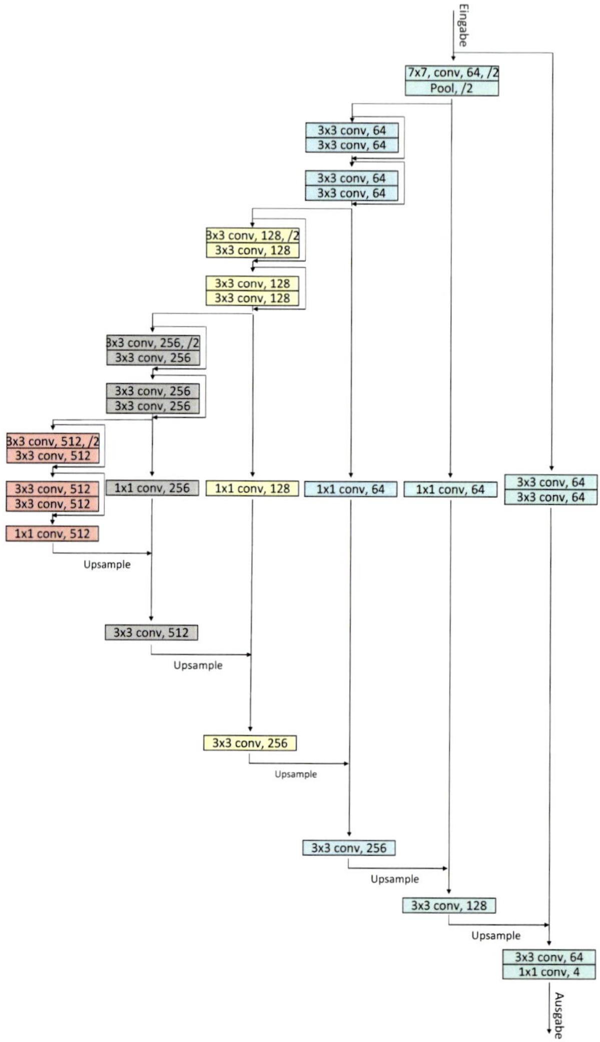

Bild 99: Unet Modell mit einer ResNet 18 Architektur

9 Literaturverzeichnis

[1] Aden, M.; Gillner, A.; Otto, G.; Mamuschkin, V.: Laserdurchstrahlschweißen transparenter Kunststoffe - Teil 1: Betrachtung des Energieeintrags. In: Joining Plastics-Fügen von Kunststoffen 12 (2018) 3, S. 166–72.

[2] Lee, S. H.; Kim, S.-W.; Kang, J. Y.; Ahn, C. H.: A polymer lab-on-a-chip for reverse transcription (RT)-PCR based point-of-care clinical diagnostics. In: Lab on a chip 8 (2008) 12, S. 2121–27.

[3] Boglea, A.; Olowinsky, A.; Gillner, A.: Fibre laser welding for packaging of disposable polymeric microfluidic-biochips. In: Applied Surface Science 254 (2007) 4, S. 1174–78.

[4] Kreimeier, S.: Thermische Simulation des Laserdurchstrahlschweißprozesses von teilkristallinen Thermoplasten, Dissertation RWTH Aachen. Aachen 2017.

[5] Russek, U. A.: Prozesstechnische Aspekte des Laserdurchstrahlschweißens von Thermoplasten, Dissertation RWTH Aachen. Aachen 2006.

[6] Boglea, A.: Laser transmission welding of thermoplastics using local laser beam modulation, Dissertation RWTH Aachen. Aachen 2013.

[7] Lakemeyer, P.: Entwicklung und Analyse neuartiger Verfahrensvarianten zum quasisimultanen Laserdurchstrahlschweißen unter Berücksichtigung der Temperaturentwicklung. Dissertation Universität Paderborn. Herzogenrath 2018.

[8] Mamuschkin, V.; Engelmann, C.; Olowinsky, A.: Improvement of Energy Deposition in Absorber-free Laser Welding through Quasi-simultaneous Irradiation. In: Physics Procedia 83 (2016), S. 472–82.

[9] Nguyen, N.-P.; Behrens, S.; Brosda, M.; Olowinsky, A.; Gillner, A.: Laser transmission welding of absorber-free semi-crystalline polypropylene by using a quasi-simultaneous irradiation strategy. In: Welding in the World 64 (2020), S. 632.

[10] Mingareev, I.; Weirauch, F.; Olowinsky, A.; Shah, L.; Kadwani, P.; Richardson, M.: Welding of polymers using a 2µm thulium fiber laser. In: Optics & Laser Technology 44 (2012) 7, S. 2095–99.

[11] Mamuschkin, V.; Engelmann, C.; Aden, M.; Olowinsky, A.: Comparison of Different Irradiation Methods in Absorber-free Laser Transmission Welding. In: Proceedings of LAMP (2015).

[12] Potente, H.: Fügen von Kunststoffen. Grundlagen, Verfahren, Anwendung ; mit 31 Tabellen. München 2004.

[13] Roesner, A.; Boglea, A.; Olowinsky, A.: Laserdurchstrahlschweißen von Thermoplasten. In: Laser Technik Journal 5 (2008) 4, S. 28–32.

[14] Haberstroh, E.; Hoffmann, W.-M.; Poprawe, R.; Sari, F.: Laser transmission joining in microtechnology. In: Microsystem Technologies 12 (2006) 12, S. 632–39.

[15] Grewell, D.; Benatar, A.: Welding of Plastics: Fundamentals and New Developments. In: International Polymer Processing (2007) 22, S. 43–60.

[16] Frick, T.: Untersuchung der prozessbestimmenden Strahl-Stoff-Wechselwirkungen beim Laserstrahlschweißen von Kunststoffen, Dissertation Friedrich-Alexander-Universität Erlangen-Nürnberg. Bamberg 2007.

[17] Acherjee, B.; Kuar, A. S.; Mitra, S.; Misra, D.: Effect of carbon black on temperature field and weld profile during laser transmission welding of polymers. A FEM study. In: Optics & Laser Technology 44 (2012) 3, S. 514–21.

[18] Bachmann, F. G.; Russek, U. A.: Laser welding of polymers using high-power diode lasers. In: Proceedings of SPIE (2002).

[19] Mamuschkin, V.; Roesner, A.; Aden, M.: Laser Transmission Welding of White Thermoplastics with Adapted Wavelengths. In: Physics Procedia 41 (2013), S. 172–79.

[20] Boglea, A.; Roesner, A.; Olowinsky, A.: New perspectives for the absorber free laser welding of thermoplastics. In: Proceedings of ICALEO (2010), S. 567–72.

[21] Kreimeier Sooriyapiragasam, S.; Hopmann, C.: Modeling of the heating process during the laser transmission welding of thermoplastics and calculation of the resulting stress distribution. In: Welding in the World 60 (2016) 4, S. 777–91.

[22] Hopmann, C.; Bölle, S.; Kreimeier, S.: Modeling of the thermally induced residual stresses during laser transmission welding of thermoplastics. In: Welding in the World 63 (2019) 5, S. 1417–29.

[23] Boglea, A.; Olowinsky, A.; Gillner, A.: Extending the Limits of Laser Polymer Welding using Advanced Irradiation Strategies. In: Journal of Laser Micro/Nanoengineering 5 (2010) 2, S. 138–44.

[24] Polster, S.: Laserdurchstrahlschweißen transparenter Polymerbauteile, Dissertation Friedrich-Alexander-Universität Erlangen-Nürnberg. Bamberg 2009.

[25] Boehm, A. J.; Edison, M. (Hrsg.): Laser transmission welding of plastics in medical device manufacturing - How to choose the right laser additive 2005.

[26] Neukum, J.: Laser-Based Polymer Welding in Medical Device Manufacturing. In: Laser Technik Journal 6 (2009) 5, S. 37–40.

[27] Devrient, M.; Frick, T.; Schmidt, M.: Laser transmission welding of optical transparent thermoplastics. In: Physics Procedia 12 (2011), S. 157–65.

[28] Wintermantel, E.; Ha, S.-W.: Medizintechnik. Life Science Engineering, 4. Auflage. Berlin Heidelberg 2008.

[29] Jones, I.: Laser welding for plastic components. In: Assembly Automation 22 (2002) 2, S. 129–35.

[30] Hänsch, D.: Die optischen Eigenschaften von Polymeren und ihre Bedeutung für das Durchstrahlschweißen mit Diodenlaser, Dissertation RWTH Aachen. Aachen 2001.

[31] Lambert, J. B.; Gronert, S.; Shurvell, H.: Spektroskopie - Strukturaufklärung in der organischen Chemie, 2. Auflage. Hallbergmoos 2012.

[32] Günzler, H.; Gremlich, H.-U.: IR-Spektroskopie. Eine Einführung, 4. Auflage. Weinheim 2003.

[33] Harten, U.: Physik. Eine Einführung für Ingenieure und Naturwissenschaftler, 6. Auflage. Berlin Heidelberg 2014.

[34] Ruotsalainen, S.; Laakso, P.; Kujanpää, V.: Laser Welding of Transparent Polymers by Using Quasi-simultaneous Beam Off-setting Scanning Technique. In: Physics Procedia 78 (2015), S. 272–84.

[35] Laakso, P.; Ruotsalainen, S.; Otto, G.; Olowinsky, A.; Kujanpää, V.: Butt welding of transparent polyamide (PA11) with 1.94µm fiber laser. In: Proceedings of ICALEO (2013), S. 175–80.
[36] Brosda, M.; Olowinsky, A.; Pelzer, A.: Laser Encapsulation of Organic Electronics with Adapted Diode Lasers in Flexible Production Processes. In: Physics Procedia 83 (2016), S. 218–24.
[37] Dresden Integrated Center for Applied Physics and Photonic Materials: Organische Elektronik. URL: https://www.iapp.de/organische-elektronik.de/. Abrufdatum 16.02.2021.
[38] Nguyen, N.-P.; Otto, G.: Laserdurchstrahlschweißen-Teil 3 : Technisch-wirtschaftliche Aspekte. In: Joining Plastics-Fügen von Kunststoffen 13 (2019) 3-4, S. 166–71.
[39] Koll, S.: Stresstest für medizinische Kunststoffe: https://medizin-und-technik.industrie.de/top-news/stresstest-fuer-medizinische-kunststoffe/. abgerufen am 10.06.2019.
[40] Jiang, X.; Chandrasekar, S.; Wang, C.: A laser microwelding method for assembly of polymer based microfluidic devices. In: Optics and Lasers in Engineering 66 (2015), S. 98–104.
[41] Mamuschkin, V.: Laserdurchstrahlschweißen transparenter Thermoplaste ohne Strahlungsabsorber, Dissertation RWTH Aachen, 1. Auflage. Aachen 2021.
[42] Nguyen, N.-P.; Brosda, M.; Olowinsky, A.; Gillner, A.: Absorber-Free Quasi-Simultaneous Laser Welding For Microfluidic Applications. In: Journal of Laser Micro/Nanoengineering 14 (2019) 3, S. 255–61.
[43] Kurosaki, Y.; Satoh, K.: A fiber laser welding of plastics assisted by transparent solid heat sink to prevent the surface thermal damages. In: Physics Procedia 5 (2010), S. 173–81.
[44] Gerhard, C.: Tutorium Optik. Ein verständlicher Überblick für Physiker, Ingenieure und Techniker, 1. Auflage. Berlin Heidelberg 2016.
[45] Mamuschkin, V.; Haeusler, A.; Engelmann, C.; Olowinsky, A.; Aehling, H.: Enabling pyrometry in absorber-free laser transmission welding through pulsed irradiation. In: Journal of Laser Applications 29 (2017) 2, S. 22409.
[46] Olowinsky, A.; Otto, G.; Janzen, R.; Mamuschkin, V.: Laserdurchstrahlschweißen transparenter Kunststoffe - Teil 2: Schweißen von PC mit 1940 nm Laserstrahlung. In: Joining Plastics-Fügen von Kunststoffen 13 (2019) 2, S. 96–101.
[47] Mamuschkin; Olowinsky, A.; van der Straeten, K.; Engelmann, C.: Laser Transmission Welding of Absorber-free Thermoplastics Using Dynamic Beam Superposition. In: Proceedings of SPIE (2015) 9356, S. 1–8.
[48] Nentwig, J.: Rückblick und Trends: Erfolge mit Barrieren. In: Kunststoffe (2007) 7, S. 41–44.
[49] Nentwig, J.: Kunststoff-Folien. Herstellung, Eigenschaften, Anwendung, 3. Auflage. München 2006.
[50] Brosda, M.; Nguyen, P.; Olowinsky, A.; Gillner, A.: Analysis of the interaction process during laser transmission welding of multilayer polymer films with adapted laser wavelength by numerical simulation and thermography. In: Journal of Laser Applications 32 (2020) 2, S. 1–7.
[51] Miyamoto, I.: Fusion Welding of Glass Using Femtosecond Laser Pulses with High-repetition Rates. In: Journal of Laser Micro/Nanoengineering 2 (2007) 1, S. 57–63.

[52] Miyamoto, I.: Local Melting of Glass Material and Its Application to Direct Fusion Welding by Ps-laser Pulses. In: Journal of Laser Micro/Nanoengineering 2 (2007) 1, S. 7–14.

[53] Miyamoto, I.; Cvecek, K.; Okamoto, Y.; Schmidt, M.: Novel fusion welding technology of glass using ultrashort pulse lasers. In: Physics Procedia 5 (2010), S. 483–93.

[54] Miyamoto, I.; Cvecek, K.; Schmidt, M.: Evaluation of nonlinear absorptivity in internal modification of bulk glass by ultrashort laser pulses. In: Optics express 19 (2011) 11, S. 10714–27.

[55] Gattass, R. R.; Mazur, E.: Femtosecond laser micromachining in transparent materials. In: Nature Photonics 2 (2008) 4, S. 219–25.

[56] Schaffer, C.; Brodeur, A.; Mazur, E.: Laser-induced breakdown and damage in bulk transparent materials induced by tightly focused femtosecond laser pulses. In: Measurement Science and Technology (2001) 12.

[57] Vogel, A.; Noack, J.; Hüttman, G.; Paltauf, G.: Mechanisms of femtosecond laser nanosurgery of cells and tissues. In: Applied Physics B 81 (2005) 8, S. 1015–47.

[58] Cvecek, K.; Odato, R.; Dehmel, S.; Miyamoto, I.; Schmidt, M.: Gap bridging in joining of glass using ultra short laser pulses. In: Optics express 23 (2015) 5, S. 5681–93.

[59] Cvecek, K.: Influence of Wavelength on Glass Welding by Ultra-Short Laser Pulses. In: Journal of Laser Micro/Nanoengineering 12 (2017) 2, S. 115–19.

[60] Volpe, A.; Di Niso, F.; Gaudiuso, C.; Rosa, A. de; Vázquez, R. M.; Ancona, A.; Lugarà, P. M.; Osellame, R.: Welding of PMMA by a femtosecond fiber laser. In: Optics express 23 (2015) 4, S. 4114–24.

[61] Roth, G.-L.; Rung, S.; Hellmann, R.: Welding of transparent polymers using femtosecond laser. In: Applied Physics A 122 (2016) 2, S. 1–4.

[62] Roth, G.-L.; Rung, S.; Hellmann, R.: Ultrashort pulse laser micro-welding of cyclo-olefin copolymers. In: Optics and Lasers in Engineering 93 (2017), S. 178–81.

[63] Volpe, A.; Ancona, A.; Trotta, G.; Martínez Vázquez, R.; Fassi, I.; Osellame, R.: Fabrication and assembling of a microfluidic optical stretcher polymeric chip combining femtosecond laser and micro injection molding technologies. In: Proceedings of SPIE (2017), S. 1-10.

[64] Schaefer, D.: Ursächliche Prozesse bei der Laserstrukturierung von Dielektrika. Analyse der Brechungsindexmodifikation, 1. Aufl. Saarbrücken 2013.

[65] Nguyen, N.-P.; Fatherazi, P.; Nippgen, S.; Brosda, M.; Olowinsky, A.; Gillner, A.: Investigations on energy deposition in polycarbonate by picosecond laser pulses for welding applications. In: Procedia CIRP 74 (2018), S. 315–19.

[66] Mamuschkin, V.; Aden, M.; Olowinsky, A.: Investigations on the Interplay Between Focusing and Absorption in Absorber-Free Laser Transmission Welding of Plastics. In: Lasers in Manufacturing and Materials Processing 44 (2019) 7, S. 2095.

[67] Menges, G.: Werkstoffkunde Kunststoffe, 5. Auflage. München 2002.

[68] Hopmann, C.; Kreimeier, S.: Modelling the Heating Process in Simultaneous Laser Transmission Welding of Semicrystalline Polymers. In: Journal of Polymers (2016) 7, S. 1–10.

[69] Chen, M.; Zak, G.; Bates, P. J.: Effect of carbon black on light transmission in laser welding of thermoplastics. In: Journal of Materials Processing Technology 211 (2011) 1, S. 43–47.

[70] Frick, T.; Schkutow, A.: Laser transmission welding of polymers – Irradiation strategies for strongly scattering materials. In: Procedia CIRP 74 (2018), S. 538–43.

[71] Aden, M.: Influence of the Laser-Beam Distribution on the Seam Dimensions for Laser-Transmission Welding. A Simulative Approach. In: Lasers in Manufacturing and Materials Processing 3 (2016) 2, S. 100–10.

[72] Aden, M.; Roesner, A.; Olowinsky, A.: Optical characterization of polycarbonate. Influence of additives on optical properties. In: Journal of Polymer Science Part B: Polymer Physics 48 (2010) 4, S. 451–55.

[73] Aden, M.; Mamuschkin, V.; Olowinsky, A.; Glaser, S.: Influence of titanium dioxide pigments on the optical properties of polycarbonate and polypropylene for diode laser wavelengths. In: Journal of Applied Polymer Science 131 (2014) 7, 1-5.

[74] Binzoni, T.; Leung, T. S.; Gandjbakhche, A. H.; Rüfenacht, D.; Delpy, D. T.: The use of the Henyey-Greenstein phase function in Monte Carlo simulations in biomedical optics. In: Physics in medicine and biology 51 (2006) 17, N313-22.

[75] Kümpel-Kunststoff-Verarbeitungstechnik GmbH: Technische Daten Polycarbonat. Datenblatt.

[76] Lanzl, L.; Wudy, K.; Drexler, M.; Drummer, D.: Laser-high-speed-DSC. Process-oriented Thermal Analysis of PA 12 in Selective Laser Sintering. In: Physics Procedia 83 (2016), S. 981–90.

[77] Wegner, A.: Theorie über die Fortführung von Aufschmelzvorgängen als Grundvoraussetzung für eine robuste Prozessführung beim Laser-Sintern von Thermoplasten, Dissertation Universität Duisburg-Essen 2015.

[78] Kim, H. T.; Oh, S. C.: Kinetics of thermal degradation of waste polypropylene and high-density polyethylene. In: Journal of Industrial and Engineering Chemistry 11 (2005) 5, S. 648–56.

[79] Kennish, Y.C., Shercliff, H.R., McGrath G.C.: Heat Flow Model For Laser Welding of Polymers. In: Proceedings of the ANTEC Conference (2002), S. 1132–36.

[80] Laakso, P.; Ruotsalainen, S.; Purtonen, T.; Kujanpää, V.; Salminen, A.: Simultaneous Sub Second Laser Welding of Polymers With Diffractive Optics. In: Proceedings of ICALEO (2010) 103, S. 416–23.

[81] Schmailzl, A.; Quandt, B.; Schmidt, M.; Hierl, S.: In-Situ process monitoring during laser transmission welding of PA6-GF30. In: Procedia CIRP 74 (2018), S. 524–27.

[82] Wippo, V.; Devrient, M.; Kern, M.; Jaeschke, P.; Frick, T.; Stute, U.; Schmidt, M.; Haferkamp, H.: Evaluation of a Pyrometric-based Temperature Measuring Process for the Laser Transmission Welding. In: Physics Procedia 39 (2012), S. 128–36.

[83] Schmailzl, A.; Käsbauer, J.; Martan, J.; Honnerová, P.; Schäfer, F.; Fichtl, M.; Lehrer, T.; Tesař, J.; Honner, M.; Hierl, S.: Measurement of core temperature through semi-transparent polyamide 6 using scanner-integrated pyrometer in laser welding. In: International Journal of Heat and Mass Transfer (2020) 146, S. 1–11.

[84] Martan, J.; Tesař, J.; Kučera, M.; Honnerová, P.; Benešová, M.; Honner, M.: Analysis of short wavelength infrared radiation during laser welding of plastics. In: Applied Optics 57 (2018) 18, S. 145–154.

[85] Schmailzl, A.; Steger, S.; Hierl, S.: Process Monitoring at Laser Welding of Thermoplastics. In: Laser Technik Journal 12 (2015) 4, S. 34–37.

[86] Schmailzl, A.; Hierl, S.; Schmidt, M.: Gap-bridging During Quasi-simultaneous Laser Transmission Welding. In: Physics Procedia 83 (2016), S. 1073–82.

[87] Schmailzl, A.; Steger, S.; Dostalek, M.; Hierl, S.: Online process monitoring at quasi-simultaneous laser transmission welding using a 3D-scanner with integrated pyrometer. In: Proceedings of SPIE (2016), S. 1-7.
[88] Maiwald, F.; Englmaier, S.; Hierl, S.: Online Pyrometry for Weld Seam Localization in Absorber-Free Laser Transmission Welding of Transparent Polymers. In: Journal of Laser Micro/Nanoengineering 16 (2021) 1, S. 1–6.
[89] Baehr, H. D.; Stephan, K.: Wärme- und Stoffübertragung, 7. Auflage. Berlin Heidelberg 2010.
[90] Géron, A.: Hands-on machine learning with Scikit-Learn, Keras, and TensorFlow. Concepts, tools, and techniques to build intelligent systems, 2. Auflage. Sebastopol, Kalifornien 2019.
[91] Hu, G.; Yang, Y.; Yi, D.; Kittler, J.; Christmas, W.; Li, S. Z.; Hospedales, T.: When Face Recognition Meets with Deep Learning: An Evaluation of Convolutional Neural Networks for Face Recognition: 2015 IEEE International Conference on Computer Vision Workshop (ICCVW) 2015 - 2015.
[92] Schroff, F.; Kalenichenko, D.; Philbin, J.: FaceNet: A unified embedding for face recognition and clustering. In: Proc. of IEEE Computer Society Conference on Computer Vision and Pattern Recognition (2015), S. 815–23.
[93] Grigorescu, S.; Trasnea, B.; Cocias, T.; Macesanu, G.: A survey of deep learning techniques for autonomous driving. In: Journal of Field Robotics 37 (2020) 3, S. 362–86.
[94] Ehteshami Bejnordi, B.; Veta, M.; van Johannes Diest, P.; van Ginneken, B.; Karssemeijer, N.; Litjens, G.; van der Laak, J. A. W. M.: Diagnostic Assessment of Deep Learning Algorithms for Detection of Lymph Node Metastases in Women With Breast Cancer. In: JAMA 318 (2017) 22, S. 2199–210.
[95] Ronneberger, O.; Fischer, P.; Brox, T.: U-Net: Convolutional Networks for Biomedical Image Segmentation. In: Proceedings of MICCAI (2015), S. 1–8.
[96] Trebeschi, S.; van Griethuysen, J. J. M.; Lambregts, D. M. J.; Lahaye, M. J.; Parmar, C.; Bakers, F. C. H.; Peters, N. H. G. M.; Beets-Tan, R. G. H.; Aerts, H. J. W. L.: Deep Learning for Fully-Automated Localization and Segmentation of Rectal Cancer on Multiparametric MR. In: Scientific reports 7 (2017) 1, S. 1–9.
[97] Knaak, C.; Kolter, G.; Schulze, F.; Kröger, M.; Abels, P.: Deep learning-based semantic segmentation for in-process monitoring in laser welding applications. In: Proceedings of SPIE (2019), S. 1–13.
[98] Zeiler, M. D.; Fergus, R.: Visualizing and Understanding Convolutional Networks. In: Proceedings of EECV (2014), S. 1–11.
[99] LeCun, Y. A.; Bengio, Y.: Convolutional networks for images, speech, and time series. The handbook of brain theory and neural networks. Cambridge, Massachusetts 1998.
[100] Albawi, S.; Mohammed, T. A.; Al-Zawi, S.: Understanding of a convolutional neural network. In: Proceedings of ICET (2017), S. 1–6.
[101] O'Shea, K.; Nash, R.: An Introduction to Convolutional Neural Networks (2015), S. 1–11.
[102] Long, J.; Shelhamer, E.; Darrell, T.: Fully Convolutional Networks for Semantic Segmentation. In: Proceedings of CVPR (2015), S. 3431–40.
[103] McCulloch, W. S.; Pitts, W.: A logical calculus of the ideas immanent in nervous activity. In: The Bulletin of Mathematical Biophysics 5 (1943) 4, S. 115–33.
[104] Gurney, K. N.: An introduction to neural networks. London 1997.

[105] Rosenblatt, F.: The Perceptron: A Probabilistic Model For Information Storage And Organization In The Brain. In: Psychological review 65 (1958) 6, S. 386–408.
[106] Rumelhart, D.; McClelland, J.: Parallel Distributed Processing. Explorations In The Microstructure Of Cognition. Cambridge, Massachusetts 1986.
[107] LeCun, Y. A.; Bottou, L.; Orr, G. B.; Müller, K.-R.: Efficient BackProp. In: Montavon, G.; Orr, G. B.; Müller, K.-R. (Hrsg.): Neural Networks: Tricks of the Trade. Berlin, Heidelberg 2012.
[108] Nair, V.; Hinton, G.: Rectified Linear Units Improve Restricted Boltzmann Machines. In: Proceedings of ICML (2010), S. 1–8.
[109] Simonyan, K.; Zisserman, A.: Very Deep Convolutional Networks for Large-Scale Image Recognition. In: Proceedings of ICLR 2015 (2015), S. 1–14.
[110] Glorot, X.; Bengio, Y.: Understanding the difficulty of training deep feedforward neural networks. In: Proceedings of AISTATS (2010), S. 249–56.
[111] He, K.; Zhang, X.; Ren, S.; Sun, J.: Deep Residual Learning for Image Recognition. In: Proceedings of CVPR (2016), S. 770–78.

In der Reihe **Ergebnisse aus der Lasertechnik** zuletzt erschienen:

Nguyen, Nam-Phong:

Laserdurchstrahlschweißen von transparenten Kunststoffen mit Thulium-Faserlaserstrahlung

ISBN: 978-3-98555-172-9

Erscheinungsdatum: 18.09.2023

Haasler, Dennis:

Tiefbohren in Metallen mittels ultrakurzen Laserpulsen

ISBN: 978-3-98555-119-4

Erscheinungsdatum: 24.11.2022

Rödler, Georg:

Entwicklung des selektiven Laserstrahlschmelzens für Al-Ni-Legierungen

ISBN: 978-3-98555-118-7

Erscheinungsdatum: 03.11.2022

Ünal-Saewe, Talu:

Ortsaufgelöste Prozessüberwachung für die Additive Fertigung mittels laserbasierter Directed Energy Deposition

ISBN: 978-3-98555-113-2

Erscheinungsdatum: 10.10.2022

Edition Wissenschaft
Apprimus

Helm, Johanna:

Prozessstabilität und Prozesseffizienz beim Laserstrahlfügen von hoch reflektiven Kupferwerkstoffen

ISBN: 978-3-98555-112-5
Erscheinungsdatum: 10.10.2022

Meineke, Georg:

Opto-kalorisches Schalten zur Sortierung fluoreszenzmarkierter Partikel in Mikrofluidiken

ISBN: 978-3-98555-109-5
Erscheinungsdatum: 10.10.2022

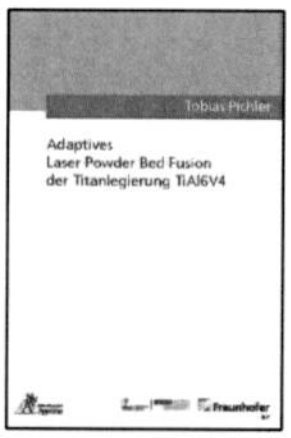

Pichler, Tobias:

Adaptives Laser Powder Bed Fusion der Titanlegierung TiAl6V4

ISBN: 978-3-98555-096-8
Erscheinungsdatum: 17.08.2022

Tenbrock, Christian:

Large-Format Machine for Multi-Scanner Laser Powder Bed Fusion

ISBN: 978-3-98555-091-3
Erscheinungsdatum: 27.07.2022

Saewe, Jasmin:

Untersuchungen der Verarbeitbarkeit des Schnellarbeitsstahls HS6-5-3-8 mittels Laser Powder Bed Fusion

ISBN: 978-3-98555-097-5
Erscheinungsdatum: 27.07.2022

Edition Wissenschaft
Apprimus

FSC
www.fsc.org
MIX
Papier | Fördert
gute Waldnutzung
FSC® C083411

Zeitfracht Medien GmbH
Ferdinand-Jühlke-Straße 7
99095 Erfurt, Deutschland
produktsicherheit@kolibri360.de